夏克梁麦克笔建筑
表现与探析

[第二版]

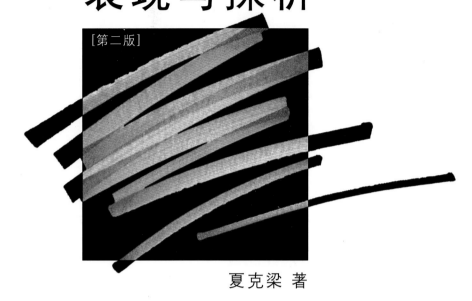

夏克梁 著

U0397325

东南大学出版社·南京

图书在版编目（CIP）数据

夏克梁麦克笔建筑表现与探析／夏克梁著．—2版
—南京：东南大学出版社，2010.6（2022.1重印）
ISBN 978-7-5641-2281-2

Ⅰ．①夏… Ⅱ．①夏… Ⅲ．①建筑艺术—绘画—技
法（美术） Ⅳ．① TU204

中国版本图书馆 CIP 数据核字（2010）第 097194

夏克梁麦克笔建筑表现与探析（第二版）

书名：夏克梁麦克笔建筑表现与探析（第二版）
作者：夏克梁
出版发行：东南大学出版社
社址：南京市四牌楼 2 号（邮编：210096）
经销：各地新华书店
印刷：南京新世纪联盟印务有限公司
开本：889mm×1194mm 1/16
印张：13
字数：333 千字
版次：2010 年 6 月第 2 版
印次：2022 年 1 月第 7 次印刷
书号：ISBN 978-7-5641-2281-2
印数：17001~18000
定价：98.00元

凡有印装质量问题，请与读者服务部联系调换。电话：025-83792328

前言

　　麦克笔是近年来从国外引进的一种绘画工具，它不需要传统绘画工具工作前的准备与工作后的清理，能以较快的速度，肯定而不含糊地表达出物体的空间形态。它是目前最为普及的设计手绘表现图的绘图工具，已为人们所熟悉。

　　设计行业近几年来在我国发展得很快，因此有了一大批麦克笔的使用者，其队伍之庞大，人们未曾料及。也仿佛是在一夜之间，市场上便出现了大量国内自产的麦克笔工具和介绍麦克笔手绘的书籍。麦克笔画逐渐得到了人们的认可和接受，已成为一种崭新的表现形式。

　　作者于2004年1月曾出版《建筑画——麦克笔表现》一书，该书曾获得"第七届全国高校出版社优秀畅销书"一等奖。书中的大量插图都是作者在一年的时间里绘制的，且均采用水性麦克笔所作。该书的出版对作者是极大的鼓励，从此便与麦克笔结下了不解之缘。在近几年的麦克笔手绘实践和探索中，作者进一步发现麦克笔具有极强的表现力，使用麦克笔可以快速地表现出清新、透明、流畅、欢快的艺术效果，也可以创作出细致、浑厚的艺术作品，大大拓展了麦克笔的表现空间。在实践中还体会到除了水性麦克笔之外，油性、酒精麦克笔也有它们独特的表现魅力，在绘制设计表现图中发挥着重要的作用。

　　现在，作者自感在编写《建筑画——麦克笔表现》一书的时候，对麦克笔的认识还是较为肤浅的，存在着很大的片面性。本书是在原来的基础上，加入了作者近几年的体会和感受，重新整理编写而成，集中了作者近十年来对麦克笔探索的结果，意在抛砖引玉。如果读者能认可，或从中得到启迪，便是作者最大的慰藉。

　　最后，在此书出版之际，特别感谢我的妻子陈碎媛多年以来对我工作的支持以及在此书中给予的特别协助。

夏克梁

2010年3月31日于杭州

目录

第一章
麦克笔建筑画及其绘制工具

3. 辅助工具
2. 绘图用纸
1. 麦克笔

第一章
麦克笔建筑画及其绘制工具

图1-1，建筑绘画作品之一（水性麦克笔，2008.3）

　　凡是以建筑作为主要表现内容的麦克笔作品，都可以称之为麦克笔建筑画。麦克笔建筑绘画作品（包括写生、创作作品）与麦克笔建筑设计表现图均以建筑为表现题材，因此，两者构成了广义上的麦克笔建筑画。

　　麦克笔建筑绘画作品与麦克笔建筑设计表现图的画面存在形式很难说有明显的区分界限，画面都注重对空间艺术感染力的渲染。相比较而言，建筑绘画作品偏重的是趣味性、艺术性，个性特征明显。作品所追求的不完全是建筑本身形象的真实性，而是绘画艺术形式的完美性，倾注了作者更多的情感，反映出作者的艺术修养和审美情趣（图1-1）。而建筑设计表现图主要追求的是真实性、写实性，共性特征明显。其主要是以商业价值而存在，当然优

秀的设计表现图也同样具有较高的艺术价值（图1-2）。实际上，两者相互渗透、融合甚至交错在一起，有时难以区分。

　　麦克笔色彩剔透、着色简便、笔触清晰、风格豪放、成图迅速、表现力强，且颜色在干湿状态变化的时候会随之发生变化。着笔后就可以大致预知笔触凝固于纸面后的效果，能够使绘制者较容易地把握预期的效果，作图时能做到心里有数，大大提高了工作效率。在使用麦克笔时可灵活换转角度和倾斜度，既能画出精细的线，也能用排线的方法画出大片面积的色块。这样，麦克笔就兼有水彩笔和针管笔的功能。

　　麦克笔多用于辅助表达设计意图、记录设计师的某种

图1-2，建筑设计表现图之一（水性麦克笔，2003.3）

图1-3，建筑设计表现图之二（酒精麦克笔，2007.7）

瞬间意念，同时，因其色彩齐全和携带、使用方便等特点，也可用作色彩静物、色彩风景写生的工具，甚至可以作为创作的绘画工具。

另一方面，麦克笔作为绘画工具，本身也有很大的局限性。例如：麦克笔的颜色衔接、叠加时，笔触过渡的部分常会因某些色彩的缺失而显得略为生硬，画面色彩的丰富性和细腻程度均不及水彩、水粉等工具的表现，落笔后色彩可加以改动的范围也较小；麦克笔因笔头较窄，因此画幅尺度也受到了不同程度的限制，不宜画得过大；另外，麦克笔还不宜长时间存放或展出，特别是酒精、油性麦克笔更为明显（长时间展出将会褪色、变淡、特别不宜在烈日下曝晒。为了延长其寿命，亦可将麦克笔画进行塑封或存放在阴暗处）。因此麦克笔画虽然富有情趣，却未能形成一门独立的画种。

但是，随着近年来设计行业的快速发展和麦克笔画在设计表现上的不断成熟，它已越来越被设计师们所重视，也逐渐被市场所接受。电脑的普及，使得各行各业的设计人员都能熟练地掌握和运用电脑绘图，这也促使艺术设计院校更加重视麦克笔快速表现的教学。时至今日，麦克笔快速表现已成为建筑、室内等设计类专业学生不可缺少的一门重要技能（图1-3）。

1. 麦克笔

19世纪60年代，麦克笔被首次推出。麦克笔的名字取自英文"Marker"（记号）的音译，所以也称马克笔，开始，麦克笔由一些小玻璃瓶组成，瓶盖上以螺丝固定钻头笔尖，名为"魔力麦克笔"，主要是包装工人、伐木工人画记号时使用（至今在很多场合依然还担负着"记号"笔的功能），颜色的种类也较少。后来，麦克笔凭借其独特的魅力在世界各地普及，并逐渐发展成为一种绘画工具，形成一种独立的表现形式。

麦克笔的形状及性能与儿童所用的水彩笔相近，所以也有人称其为管状水彩笔。它进入我国迄今为止也就只有20多年左右的时间，是"舶来品"。 近年来随着我国建筑（景观、室内）、工业、服装等设计行业的迅速发展，它作为表达设计意图的绘图工具已经被广泛地运用（图1-1-1）。

根据麦克笔笔芯中颜料特性的不同，可将其分为油性、酒精和水性三种类型。在不同性质的麦克笔中，酒精麦克笔的使用人群最多，最为常见。酒精麦克笔采用酒精性墨水，散发的气味较清淡，速干防水，透明度极高，笔触衔接、叠加较为柔和，使用效果接近于油性。

在市面上，不同型号和品牌的、进口的和国产的麦克笔均有，常见的品牌有韩国的TOUCH、日本的Z/G、国产的STA等。色彩种类也较齐全，好的在120种以上，从纯到灰，配色齐全，一般以双头笔尖的为主（图1-1-2、图1-1-3）。在用笔的过程中，只要把握好速度和方法，可使色彩涂得均匀，不会留下明显的笔痕（图1-1-4）。不足之处在于色彩的渗透力较强，容易渗透纸背或渗开物体的边缘线。

图1-1-2，酒精麦克笔之一

图1-1-3，酒精麦克笔之二

图1-1-1，建筑设计表现图之三（酒精麦克笔，2008.3）

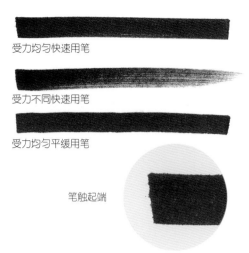

受力均匀快速用笔

受力不同快速用笔

受力均匀平缓用笔

笔触起端

图1-1-4，酒精麦克笔笔触

油性麦克笔的主要成分有甲苯和三甲苯，味道刺鼻、蒸发性强。使用过程中，需要养成良好的习惯，使用完毕及时盖好笔帽以减少麦克笔填充剂的挥发，从而延长麦克笔的使用寿命。其特点为笔触极易融合，渗透性强，色彩均匀，干燥速度快，耐水性较强，但是，在使用中含有较重的气味。市面常见的油性麦克笔品牌主要为美国的AP和PRISMA，一般也以双头笔尖的为主（图1-1-5、图1-1-6）。因性能与酒精麦克笔相似，所以经常被酒精麦克笔所代替，或混合使用。

图1-1-5，油性麦克笔

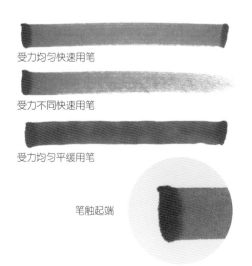

受力均匀快速用笔

受力不同快速用笔

受力均匀平缓用笔

笔触起端

图1-1-6，油性麦克笔笔触

水性麦克笔的颜色种类一般在60色以上。其性能与水彩颜料相近，颜色亮丽、透明感好，具有较强的表现力（图1-1-7）。作画时一般由浅入深，由远及近，颜色不宜过多涂改、叠加，否则会导致色彩浑浊、肮脏。与水彩画不同的是，麦克笔一般均由局部出发，逐渐到整个画面，而水彩则是由整体到局部。

近几年，水性麦克笔的使用者逐渐在减少。国外多家生产单位已经停止生产水性麦克笔，提供市场的货源渐少。而国内的几家生产单位对于水性麦克笔的开发还不是很成熟，所以目前市场上很难买到如意的水性麦克笔。常见的水性麦克笔品牌有国产的STA（图1-1-8），偶尔还能见到日本的MARVY和SAKURA（图1-1-9），德国的STABILO（图1-1-10）等。水性麦克笔中，双头、单头笔尖的均有。

受力均匀快速用笔

受力不同快速用笔

受力均匀平缓用笔

笔触起端

图1-1-7，水性麦克笔笔触

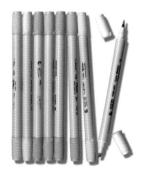 

图1-1-8，水性麦克笔之一　　图1-1-9，水性麦克笔之二

图1-1-10，水性麦克笔之三

第一章　麦克笔建筑画及其绘制工具

○ 011

图1-1-11 麦克笔所涂色块

油性麦克笔所涂的色块，笔触衔接自然，边缘渗透非常明显

酒精麦克笔所涂的色块，笔触衔接较为自然，边缘渗透比较明显

水性麦克笔所涂的色块，笔触衔接明显，边缘较为平整

一般的人认为麦克笔只能作为设计表现这种快速的表现形式工具，而无法多次重叠、深入，但是实践证明水性麦克笔是可以反复重叠而且可以很深入地刻画，可以画出厚重扎实的视觉效果。

油性麦克笔、酒精麦克笔、水性麦克笔三者相比较，存在着较多的共同点和不同点。共同点主要表现在色彩艳丽、剔透、易干、色彩的重叠次数过多就容易变脏、着色后不宜修改，作画时要注意先亮后暗、由浅至深的顺序，着色时速度要快，颜色要准，笔触要自然流畅等；不同点主要表现在于油性麦克笔的笔触较易融合，色彩的渗透力强，重色不易深入，画面所展示的效果清新、洒脱、豪放。酒精麦克笔的特点与油性麦克笔较为接近，笔触易涂得均匀却不易深入，融合度和色彩渗透力均略弱于油性麦克笔。水性麦克笔的笔触清晰，笔触之间衔接、重叠处容易产生明显的笔痕，色彩叠加混合时因水分沉积而显得浑浊，色彩的渗透力较弱，但可以做深入的刻画（图1-1-11）。因此，油性麦克笔、酒精麦克笔更多地用于表现设计表现图，不宜做深入的刻画，适合表现快速、短期的作品，画面可以表现得更为明快、时尚。而水性麦克笔则多用于表现写生、创作或长期作业，可通过多次色彩的叠加、退晕的技法塑造凝重的画面效果，取得丰富的色彩变化，从而适合表现刻画较为深入细致的绘画作品。只有充分熟悉所用的工具，了解各种麦克笔的性能特征，才能自如地运用工具，扬长避短，才能发挥出麦克笔特有的表现魅力。

不同品牌和种类的麦克笔一般在大城市中的各大画材专卖商店、文具市场均有销售，价格从几元到几十元不等。使用者可在对不同特性及品牌的麦克笔进行一定的了解之后，根据喜好、掌握程度、经济条件、工作需要等进行选择。笔者从实践经验中得出，在购买麦克笔时，可以灰色系列的麦克笔为主进行挑选。灰色的画面显得高雅脱俗、经久耐看，且可以使画面表现得更加细腻。同时还要注意浅灰色系列中的颜色尽量以明度和色相相近的笔为宜，明度、色相越是接近，所表现的画面色彩越显丰富多变。鲜艳的颜色，可适当选用几种常用的即可。作为专业表现，颜色的种类至少五十种以上，室外景观表现还要注意绿色系列一定要齐全。颜色也可从不同品牌中选取组合

图1-1-12，不同品牌的麦克笔混合使用

图1-1-13，堆放无规律

图1-1-14，根据色系进行分类

使用,以丰富颜色的种类(图1-1-12)。

麦克笔因种类较多,在作图时,如果大量的麦克笔混为一堆,毫无规律地放置,那么在作画的过程中就会将大量的时间用于寻找我们需要的笔号或是色彩(图1-1-13)。如此一来不但浪费了时间,而且容易忙中出错,误选颜色,带来额外的麻烦。为了避免这些问题,可根据麦克笔的色系进行分类,将具有相近颜色的麦克笔归放在一起(图1-1-14)。大致可将其分为灰色系列和彩色系列两大类,灰色系列中可分为暖灰系列和冷灰系列,而彩色系列中则又可细分为红色系列、棕色系列、黄色系列、蓝色系列、绿色系列等。再根据数量自制可储放麦克笔的纸盒等放置工具,将麦克笔按照一定的排列规律放置,以便在绘图过程中便捷地寻找所需的颜色。这样也更有助于在作画过程中把握色调,提高作图效率。

麦克笔的笔身一般均为直筒形(包括圆直筒和方直筒),大部分笔身的两端均有笔头,有大小之分,一端笔头呈斜宽扁状,可涂刷相对大面积的色块;另一端呈细尖状,可勾画形状或局部深入。使用宽笔头时,调整笔的倾斜度,可画出粗细不等、宽窄不一的线条(笔触)。

麦克笔的色彩种类尽管较多,但颜色之间很难调和,色彩种类不能满足专业绘画的需要,有美中不足之感。不像一般的绘画颜料,通过媒介的调和,可以产生出无穷的

颜色种类。而且麦克笔在使用次数过多或使用时间过长的情况下,笔芯中的色彩会逐渐干枯,成为一支废笔。使用者也可尝试以自制的方式再度利用废弃的麦克笔,不仅在循环使用的过程中有效地节约了成本,而且能丰富麦克笔的颜色种类。

【技巧指要】

方法一:麦克笔的笔头大多选用纤维材料,但是不同的纤维笔头的质量相差悬殊。质量较差的麦克笔,其笔头的形状、大小都会有差异。笔头对于画面效果构成直接的影响,起到至关重要的作用。对于刚买的麦克笔,其笔头很坚硬,导致所绘制的线条、笔触也显得很生硬,缺少变化(图1-1-15)。为了使绘出的线条、笔触更加柔软和圆滑,可将其笔头做适当的修整,只需用美工刀将笔头的两面略削薄(图1-1-16),所绘制的笔触就会显得柔软、多变,达到理想的效果(图1-1-17)。

方法二:即将干枯的麦克笔所画出的笔触带有枯笔的痕迹。此时可充分将其作为表现木纹、草丛等肌理的最佳工具(图1-1-18),用于画面元素细节的添加。其描绘的笔触轻重相间、连断有序,可使细节效果生动而自然、富有趣味性,也使画面显得更加有力度。但要注意的是,枯笔不宜在画面中出现太多,否则会影响画面的整体效果。

图1-1-15,笔头修整前所画的笔触,显得较为生硬,两端明显留有痕迹

图1-1-17,笔头修整后所画的笔触,显得柔软、圆滑,过渡自然

图1-1-16,用美工刀修整笔头

图1-1-18,枯笔表现肌理

方法三：长时间使用的水性麦克笔，在笔芯颜色完全干枯的情况下，可以取下已经干透的麦克笔的笔头，抽出笔芯，用透明水色或水彩等颜料调出所需要的颜色并注入其中。然后将因长期频繁使用而遭到磨损变钝的笔尖用小刀进行加工，削出或是割出各类非常规的笔尖形状。这样，经过了重新加工的麦克笔不但拥有了新的色彩，而且笔尖的造型更为多样，可满足各种不同宽度线型的表现要求，扩展了其使用范围（图1-1-19～图1-1-31）。

图1-1-19，水性麦克笔的笔芯基本已干枯

图1-1-20，抽出已干枯的笔芯，并将其放入清水中

图1-1-21，反复涂洗，慢慢去除残留在笔芯中的色迹

图1-1-22，通过挤压等方法，将笔芯中的色迹彻底洗净

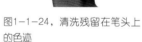

图1-1-23，将调好的水色注入笔芯

图1-1-24，清洗残留在笔头上的色迹

图1-1-25，再用小刀适当修整笔头

图1-1-26，笔芯装回后，在纸上往复平涂

图1-1-27，慢慢地，笔头上残留的色迹过渡到新添加的颜色

图1-1-28，一直到所画的颜色完全是新添加的颜色为止

酒精或油性麦克笔因挥发性较强，其使用寿命往往不及水性麦克笔。在干枯的情况下，则可以注入酒精，色彩虽逐渐变淡，但能往复续用多次（图1-1-32～图1-1-34）。也可添加麦克笔专用墨水或POP麦克笔专用补充液制作新的笔，制作时，可用酒精将废弃的笔芯洗净，也可买专供自制笔用的"空"麦克笔（笔芯无酒精无色）。然后直接注入专用墨水或通过酒精调制所需要的色彩后再注入，便可完成自制的酒精麦克笔。

方法四：取下已干透的麦克笔笔头，在笔芯中注入清水或酒精（视麦克笔的属性而定），制作成为一支无色的麦克笔（水性或酒精）（图1-1-35～图1-1-37）。无色麦克笔不但是退晕处理和制作特殊肌理的理想工具，（图1-1-38～图1-1-40）而且还可适当"调整"过深的颜色。只要用无色麦克笔将其涂湿，再用纸巾按压，即可淡化色彩。

图1-1-29，用小刀裁出画在纸面上的色块

图1-1-30，将裁出的色块粘贴在笔杆上

图1-1-31，一只新的笔便诞生了

图1-1-32，酒精麦克笔的笔芯基本已干枯

图1-1-33，在笔芯中注入酒精

图1-1-34，色彩变淡，但能续用

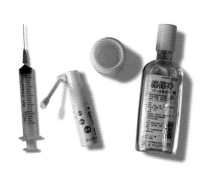

图1-1-35，针筒、酒精、清水等工具和材料

图1-1-36，将酒精或清水注入笔芯

图1-1-37，使笔芯不含杂色

图1-1-38，清水麦克笔可作为退晕工具，使画面过渡自然（水性麦克笔，2002.11）

图1-1-39，局部（水性麦克笔，2002.11）

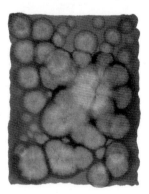 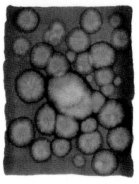 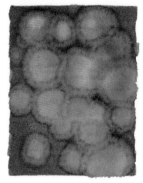

图1-1-40，无色麦克笔可以制作肌理

油性麦克笔滴洒酒精后所产生的效果　　酒精麦克笔滴洒酒精后所产生的效果　　水性麦克笔滴洒清水后所产生的效果

2. 绘图用纸

纸张对于麦克笔画来讲，是最基本的材料之一。它的种类和特性对于麦克笔建筑画来说尤为重要，因为纸张会对麦克笔成图后的色度深浅、明暗程度、色相变化、笔触融合等方面产生一定的影响。麦克笔的彩度常常取决于纸的吸水性能，表现效果会随着纸张的不同而发生很大的变化。使用不同的纸材，可表现出不同的艺术效果，所以纸张最为使用者所重视。由于麦克笔笔头宽度上的限制，麦克笔的画幅通常不宜过大，多以三号以下图纸绘制，最大也不宜超出两号图纸。常选用的纸张除了有专门配合麦克笔表现的专用纸外，通常还有复印纸、速写本、硫酸纸、有色纸等。

图1-2-1，麦克笔专用纸

（1）麦克笔专用纸

麦克笔专用纸针对麦克笔的特性而设计的绘图用纸。它的特点是纸张的两面均较光滑，都可用来上色，纸质细腻，对麦克笔的色彩还原度较好。常见的规格为120克，大小为A3或A4，装订成册（图1-2-1）。

【技巧指要】

专用纸吸水量高，油性麦克笔、酒精麦克笔，能流畅地在纸张上绘制（图1-2-2）。

图1-2-2，绘制在麦克笔专用纸上的效果（水性麦克笔，2004.11）

（2）复印纸

复印纸是目前市面上购买最为方便且使用率较高的纸张。它的特点为价格便宜，纸面较光滑，呈半透明状，吸水性能中等，色彩附着后呈现的色相基本和笔的固有色相同。常用的复印纸规格为A3或是A4（图1-2-3）。

图1-2-3，复印纸

【技巧指要】

复印纸较薄，容易起皱。所以在采用水性麦克笔表现时，最好在开始画之前先将纸张裱在玻璃板或画板上，待作品完成后，画面将显得非常平整（图1-2-4）。

图1-2-4，绘制在复印纸上的效果（水性麦克笔，2004.9）

（3）速写本

速写本也是麦克笔表现常用纸张之一。它的最大特点是装订成册，携带方便，可满足外出写生以及与设计委托方交流之用。市面上的速写本规格多样、大小不一，根据需求选择购买。

【技巧指要】

有一种12开大小的素描速写本（图1-2-5），纸张较厚，类似于铅画纸，纸面纹理略粗，吸水性能也较强，水分在纸面上能迅速扩散使笔触较易融合，并可做反复涂画，纸面不易损伤。特别适合水性麦克笔深入画法（图1-2-6）。

A3渡边速写本（合资产品）（图1-2-7），塑料封皮，活页订制，纸质细腻、色白，适合酒精、水性麦克笔（图1-2-8）。

8开水彩速写本，特点是纸张厚实，纹理较粗（常使用质地相对平滑的反面），吸水性强，适合水性麦克笔。

图1-2-5，12开速写本

图1-2-6，绘制在12开速写本上的效果（水性麦克笔，2003.1）

图1-2-7，A3速写本

图1-2-8，绘制在A3速写本上的效果（酒精麦克笔，2006.8）

（4）有色纸

采用有色纸作画是一种较便捷的方法，主要就是利用纸张固有的颜色形成统一的色调，从而降低色彩搭配和色调控制的难度。有色纸的色彩规格较多，各类纸张的色系和质地的差距也较大（图1-2-9）。在市面上有各种种类繁多的有色纸，为配合麦克笔表现的特点应选择灰色系纸张为宜，因为以灰色为主的调子常给人以高雅脱俗之感，能够克服麦克笔色彩饱和度过高的问题，可使麦克笔的画面呈现出较以往不同的感觉。在有色纸上表现也存在比较明显的缺点，因纸张本身带有颜色，在与麦克笔的色彩交叠后会产生新的色彩，常会使落笔后的色彩达不到预期估计的效果而导致画面的色彩有所偏差。因此在作画前必须反复尝试，力争对纸张上色后产生的效果做到心中有数。

图1-2-9，有色纸

【技巧指要】

在着色过程中对纸张固有色彩的合理保留是重要的方法，常以纸的固有色为中间色，暗部加深，亮部加粉（或白色涂改液），配以彩色铅笔的辅助，使画面色彩达到和谐统一（图1-2-10）。

图1-2-10，绘制在有色纸上的效果。借助色纸的优势，以纸的固有色为基础，提亮受光面，加强明暗交界线，刻画暗部及投影，使画面的色调得到了很好的统一（水性麦克笔，2004.7）

（5）硫酸纸

硫酸纸是景观设计表现图中使用率较高的纸张，其特点为表面光滑，质地透明（图1-2-11），易用于线稿拷贝，笔触也易融合，但是耐水性差，沾水后易起皱，且在绘制过程中不宜深入刻画。同时天气湿度的变化也会对纸张的平整度和光滑度产生一定的影响。

【技巧指要】

硫酸纸（要选择质地较厚的）比较适宜采用酒精、油性麦克笔作画（图1-2-12、图1-2-13）。上色时可在纸张的正反面上互涂，通过双面颜色的叠加和互补达到特殊的效果。

为了准确地显示色彩效果，在上色完成后往往需要装裱在白色纸上。

图1-2-11，硫酸纸

图1-2-12，绘制在硫酸纸上的效果（油性麦克笔，2010.5）

图1-2-13，局部（油性麦克笔，2010.5）

3. 辅助工具

除了各种类型的麦克笔具有各自的特性和表现效果之外，其他的表现工具也可用来辅助增强画面的表现力，形成更加完美的效果。辅助工具主要包括着色过程中使用的绘图工具和着色后的修饰工具。常用的有签字笔、直尺、告事贴、涂改液、水彩颜料、透明水色、白纸等。部分工具虽然使用频率不高，但是也能对某些画面的表现过程起到适时而有效的帮助。

(1) 签字笔、钢笔、针管笔、彩色笔

用麦克笔作设计快速表现图时，须以结构严谨、透视准确、线条明朗的线图为基础。线图的描绘主要使用各种型号、不同笔尖粗细的签字笔、钢笔、针管笔或彩色笔等工具（图1-3-1）。其中签字笔因型号齐全、价格实惠而受欢迎。签字笔线条绘于纸面便迅速吸附，在麦克笔上色后一般也不会因水分的渗透扩散而弄脏画面。

【技巧指要】

方法一：在以钢笔画作为底稿时，可以将钢笔线图先进行复印，然后再着以颜色。

方法二：根据画面内容或预想的色调，有时也可以采用彩色笔勾勒线稿，追求画面效果的特殊性（图1-3-2）。

图1-3-1，签字笔、钢笔、彩色笔

图1-3-2，彩色笔线稿，麦克笔上色（水性麦克笔，2009.2）

（2）透明直尺、三角尺

用麦克笔作画，初学者往往对所画线条（笔触）的粗细、均匀及挺直程度难以做到很好的控制，尤其是用徒手在绘制一些较长的线条时，常常容易形成扭曲、抖动、无力的笔触，甚至于断笔。此时可借助透明直尺、三角尺等辅助工具（图1-3-3），让笔尖依附于尺的边沿进行排线，这样不但可使线条挺直均匀、整齐有序，而且也可以提高画面的整体感和规范性，有利于增强画面的表现效果（图1-3-4）。

图1-3-4，笔尖依附于尺的边沿进行排线

【技巧指要】

借助直尺使用时还需配备卫生纸或抹布，便于在画线的过程中随时将遗留在透明直尺上的颜色污迹擦去（图1-3-5），以保证残留在直尺上的色迹不会污染到画面上，破坏画面的整洁性（图1-3-6）。

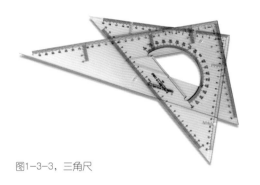

图1-3-3，三角尺

图1-3-5，擦去残留在三角尺上的色迹

图1-3-6，借助直尺表现的画面（水性麦克笔，2001.11）

（3）告示贴

告示贴也叫百事贴，或称便笺纸，是常用的现代化办公用品，多用于各企事业单位办公的记录和留言，也可用作图书的页码标记（图1-3-7）。其特性与水粉喷绘的粘膜纸相近，页面的一边具有低度黏性，撕开时贴纸面便与画面分离，不留任何痕迹，也不会损伤纸面（图1-3-8、图1-3-9）。

【技巧指要】

画到直线物体边缘或是直线交叉的边界时，排列的笔触尽端在边缘线附近往往形成参差不齐的锯齿形，并留下明显的色迹。利用告示贴的单侧边缘有黏性的特点，将数张告示贴做整齐的排列，这样就能简单迅速地遮盖需要保护的边缘，画时按照平时的用笔方式大胆将笔触依次排开，许多长

短不一的线段会画到告示贴的表面。在完成后揭开告示贴即可，边缘线将会显得挺直而干净（图1-3-10）。

图1-3-7，告示贴（便笺纸）

图1-3-8，用告示贴遮挡画面的某一部分，并大胆用笔

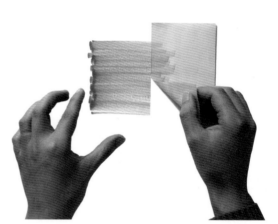

图1-3-9，轻轻揭开告示贴，边缘线显得挺直而干净

图1-3-10，借助告示贴表现的画面（水性麦克笔，2003.2）

（4）遮盖液

遮盖液或称留白胶（图1-3-11），多用作画水彩的辅助工具，其味怪异、刺鼻，呈液体状，具有低度粘黏性。因麦克笔色与水彩笔色性能相近，故可借用到麦克笔画上。遮盖液特别适宜用于预留各种复杂及不规则的图形，是作图的极好辅助材料。

【技巧指要】

使用时，可用毛笔或描笔笔尖点蘸遮盖液，涂在画面欲遮盖的地方（图1-3-12），待干后，呈遮挡隔离层。作图时便可大胆用笔（图1-3-13），色彩干后，轻轻拭去遮盖液（图1-3-14），使遮蔽的地方保留原状，而不受影响（不能连续粘贴数小时，因为随着时间的推移，黏着力会逐渐增大，最后揭下时会损伤画面）（图1-3-15、图1-3-16）。

遮盖液用后需要盖紧瓶盖，并及时清洗画笔。

图1-3-11，遮盖液（留白胶）

图1-3-12，用描笔点蘸遮盖液，并涂在画面上

图1-3-13，大胆用笔

图1-3-14，用手轻轻拭去黏附在纸面上的遮盖液

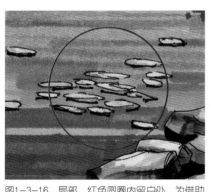

图1-3-16，局部，红色圆圈内留白处，为借助留白胶表现的效果（水性麦克笔，2003.3）

图1-3-15，借助留白胶表现的画面效果（水性麦克笔，2003.3）

（5）水彩、水色

水彩、水色均以水为媒介，透明，不具备覆盖能力，水量搀和的多少，决定着色彩的浓淡变化。水彩、水色表现方法丰富、多样，有着极强的表现力，特别是其中的湿画法，能表现出特有的韵味情趣。

水彩颜料中加溶解液时，按照阿拉伯树胶的比例，可区别为透明水彩与不透明水彩。量多的为透明水彩，量少的为不透明水彩。透明水彩（包括管状色与块状色）的特点为色泽鲜艳、透明度好、使用方便，用水搀和便可自如地调试出各种色彩（图1-3-17）。不透明水彩又称水粉，色彩中含有粉质，呈不透明状，具有较强的覆盖力（也常作为修改麦克笔画的辅助材料）。

水色属于照相色（照相色还包括块状色和纸状色，只需用毛笔饱蘸清水对颜色轻轻涂抹，便可使用。块状色和纸状色的特性与水色相近，也可用于麦克笔画），以前主要应用于黑白照片或幻灯片的着色（彩色照片和彩色幻灯片的出现，水色的作用也逐渐转变，成为绘制各种设计表现图的材料）。其特点是色泽鲜明、涂色均匀、透明度好、无毒无异味、不易挥发。根据搀水的程度，可调试出彩度、明度不等的色彩。同时，水色也是自制麦克笔的首选材料（图1-3-18）。

由于水彩、水色、麦克笔三者具有共同的特点，即可与水相溶，所以在作画过程中不仅可以单独使用，也常常混合使用。

【技巧指要】

水彩、水色可以弥补麦克笔在表现大面积，以及表现柔软材质、色彩渐变、湿画法等方面的不足，如需大面积着色的天空（图1-3-19）、墙面，以及织物等柔软材料的质地表现，或需要借助于湿画法加以完成的表现等。水彩、水色可与麦克笔的特点形成优势互补，让麦克笔表现呈现出不同于以往的效果，使得画面更具活力。

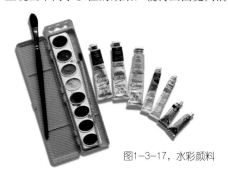

图1-3-17，水彩颜料

图1-3-18，透明水色

图1-3-19，借助水彩表现画面的天空（水性麦克笔、水彩，2007.8）

（6）彩色铅笔、色粉笔、蜡笔

彩色铅笔（简称彩铅）即有色铅笔，其形状及使用方法均与铅笔相同，是麦克笔最好的辅助工具之一（图1-3-20）。彩铅的颜色种类较多，可以达到120种，并且改变用笔的力量、进行颜色的相互叠加可以产生更加丰富多变的色彩。彩色铅笔以水溶性为多，用清水涂抹时，可以柔和笔触、淡化色彩（图1-3-21）。

彩铅不仅能弥补麦克笔因数量的不足而无法对某些色彩进行描绘的缺憾，而且能够弥补麦克笔在色彩、明暗的退晕处理和较大面积的着色上的不足。麦克笔在涂绘面积较大的天空或室内顶棚、地面及墙面时，即使是绘制表现图经验较丰富的设计师，也常常会陷入困境，结合彩铅便能很好地解决这一难题。

色粉笔在西方多称软色粉，是一种用颜料粉末制成的干粉笔，一般为8～10cm长的圆棒或方棒，也有价格昂贵的木皮色粉笔（图1-3-22）。色粉笔颜色极其丰富，有多达550余种的颜色供选择，可以画出色调非常丰富的画面。而作为麦克笔建筑画的辅助工具，一般5～20种左右就够了。

蜡笔的色彩表层具有蜡油，因具有与水不溶的特点，不常使用，只选作表现特殊的效果。蜡笔可以用于预留空白及绘制特殊的肌理（图1-3-23）。

图1-3-20，彩色铅笔

图1-3-21，用清水涂抹彩色铅笔的笔触，达到水彩般的视觉效果

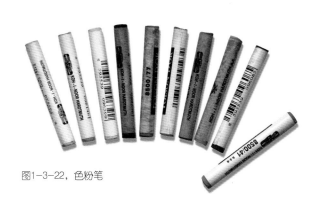

图1-3-22，色粉笔

图1-3-23，蜡笔

【技巧指要】

彩铅：使用彩色铅笔时，可以用纸巾涂抹画面，弱化笔触间的空隙（图1-3-24、图1-3-25）。还可以适当结合水性麦克笔表现暗部和投影，使画面更加结实厚重。

彩色铅笔特别适宜表现物体的纹理。在表现物体纹理时，可与麦克笔交替使用，以削弱彩铅的痕迹，使笔触融入到画面之中，色彩也更加细腻丰富（图1-3-26）。

在有色纸上进行涂绘时，麦克笔色因其透明的特点，难以绘出比纸面更亮的色彩，借助彩铅，便可轻松地绘出物体或空间的亮部。

彩色铅笔的色彩明度增减灵活，色阶过渡自然，细节刻画能力强。可帮助调整画面的明暗及色彩关系，或加强物体反光、亮面及渐变效果，也可用于小地方的精修，以辅助麦克笔深入地表现物体的细节（图1-3-27）。

色粉笔：使用色粉笔时，需配有药棉、餐巾纸、爽身粉等工具，可使色彩表现得更加细腻（图1-3-28～图1-3-31）。

蜡笔：使用蜡笔时，先用蜡笔涂绘在预留的图形上，再用麦克笔上色。有笔触的地方会产生留白效果，麦克笔色越深，笔触留白的效果也将显得越加明显（图1-3-32、图1-3-33）。

图1-3-24，彩色铅笔的使用方法与普通铅笔的使用方法相同　　图1-3-25，用纸巾涂抹笔触，弱化其间的空隙

图1-3-26，左图：麦克笔色块；右图：在麦克笔色块上，用彩铅做简单涂绘，色块的颜色变得丰富

图1-3-27，用彩色铅笔表现画面的天空（水性麦克笔、彩色铅笔，2004.9）

图1-3-28，用小刀轻刮色粉笔，使其成粉末状

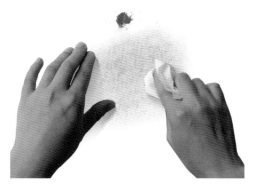

图1-3-29，用餐巾纸均匀地涂抹粉末，使其黏附在纸面上

图1-3-30，上图：麦克笔色块；下图：在麦克笔色块上，用色粉笔涂抹，使其颜色变得丰富而细腻

图1-3-31，用色粉笔表现画面的天空（水性麦克笔、色粉笔，2002.9）

图1-3-32，用蜡笔涂绘在纸面上

图1-3-33，用麦克笔覆盖蜡笔，有蜡笔处明显留有痕迹

（7）涂改液（修正液）、水粉颜料

涂改液（修正液）和水粉颜料的共同点在于都具有较强的覆盖力，可以在麦克笔表现得不甚理想之处加以修改。还有助于表现高光部位和局部亮面，或用以修整作图时不小心绘出结构线外的颜色，使物体的边缘线更加整洁、干净（图1-3-34、图1-3-35）。

图1-3-34，涂改液　　　　图1-3-35，水粉颜料

【技巧指要】

涂改液（修正液）：一般情况下多用于辅助修改酒精或油性麦克笔建筑画，使用时要控制好力度，受力均匀才能使所挤压的液体线条粗细、厚薄一致（图1-3-36）。

水粉颜料：多用于辅助修改水性麦克笔建筑画，绘涂时，要注意相对调稀水粉颜料，待颜色未干时，用纸巾轻轻按压，以减少水粉颜料的厚度（图1-3-37～图1-3-40）。

图1-3-36，使用涂改液时，要控制好力度，受力要均匀

图1-3-37，用水粉颜料修改画面的不足之处

图1-3-38，用纸巾轻轻按压修改处，以减少水粉颜料的厚度

图1-3-40，局部，红色圆圈内留白部位为修改处（水性麦克笔，2003.2）

图1-3-39，修改后的麦克笔作品（水性麦克笔，2003.2）

（8）白纸

这里所说的白纸是作为麦克笔作画的一种辅助修改手段，通过剪贴的方式结合麦克笔的笔触排列，起到弥补修改的作用。

【技巧指要】

麦克笔因落笔后不易修改，因此可以采用将纸片修剪成需要的形状，粘贴后再进行修改，以达到较为理想的效果（图1-3-41～图1-3-48）。

图1-3-41，白纸及相关工具

图1-3-42，用剪刀将白纸剪成小纸片

图1-3-43，用麦克笔在小纸片上涂上所需的颜色

图1-3-44，将涂上颜色的纸片剪成小碎片

图1-3-45，在小碎片的背面涂上胶水

图1-3-46，将小碎片粘贴在画面所需修改处

图1-3-47，修改前的画面，树林显得沉闷（水性麦克笔，2003.6）

图1-3-48，借助纸片修改后的画面，树林显得通透（水性麦克笔，2003.6）

（9）喷笔

麦克笔喷笔是种比较少见的工具，且须配用特定品牌的酒精麦克笔才能使用，国内市场上难以见到，但可通过网络邮购。其外形不同于水粉喷绘用的喷笔，原理却有点相近，使用也极其方便，利用压缩空气将麦克笔颜色喷洒到画面上。喷洒出的颜色成细颗粒状，过渡自然，大大拓展了麦克笔的表现力和表现方法（图1-3-49）。

【技巧指要】

麦克笔的喷笔和水粉喷绘的喷笔原理相近，所以使用方法也相同，往往要借助纸片和模板的遮挡完成喷绘（图1-3-50～图1-3-52）。

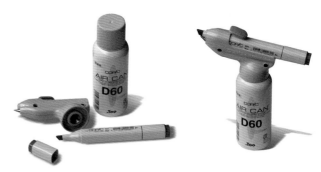

图1-3-49，左图：喷笔构件及麦克笔；右图：组装后的麦克笔喷笔工具

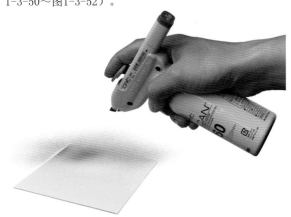

图1-3-50，使用麦克笔喷笔的方法

图1-3-51，使用麦克笔喷笔所获得的效果

图1-3-52，借助麦克笔喷笔表现画面的天空（酒精麦克笔、麦克笔喷笔，2010.5）

（10）修改笔

修改笔是酒精麦克笔特有的配套工具，较为少见，一般品牌均不配有修改笔。其大小和形状与同一品牌的麦克笔完全相同（图1-3-53），所涂绘的液体成透明状，可以充当橡皮将一般酒精麦克笔所绘制的笔触和色块"洗"淡，甚至可以"洗"净，也可以通过修改笔的"洗"来制作画面的肌理效果。

【技巧指要】

修改笔的配备，可以在使用酒精麦克笔时相对大胆用笔，无需过于担忧笔触画出边缘线。画完后再用修改笔将画出边缘线的笔触或败笔"洗"净，也可用修改笔"洗"出物体的高光部分（图1-3-54~图1-3-56）。

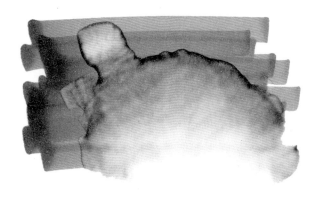

图1-3-53，修改笔

图1-3-54，上图：用酒精麦克笔绘制的色块；下图：用修改笔"修改"后所展示的效果

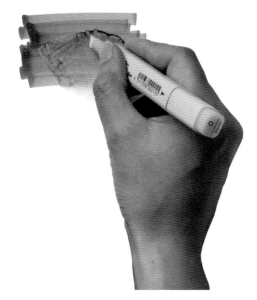

图1-3-55，用修改笔"修改"色块，根据"修改"的程度，控制涂改的次数

图1-3-56，某些局部借助修改笔进行修改的画面（酒精麦克笔，2010.5）

第 二 章
麦克笔建筑画的特点及基本构成要素

THE SECOND CHAPTER

2 第二章
麦克笔建筑画的特点及基本构成要素

　　麦克笔建筑画以建筑为主要题材，通常以都市现代的建筑外观、人文景观和室内空间为主要表现内容，也有的是以乡村古朴的民居作为表现的内容。作为设计表现图作用的麦克笔建筑画，集绘画艺术与工程技术于一体。它是一种专业地应用于建筑设计领域的绘画形式，不同于一般以表现性为主的麦克笔建筑绘画作品。也就是说，作品除了具有艺术性之外，还包含专业性、真实性、科学性及超前性等特点。作为写生或创作的麦克笔建筑绘画作品，更多的是注重表现的技巧性和画面的艺术性，以及作品更深层次的思想内涵。

　　当然，麦克笔建筑绘画作品与麦克笔建筑设计表现图两者之间也体现了较多的共性，两者均由画面构图、色彩、笔触等构成了绘画的基本要素，组织处理好这些要素，就会使画面更加和谐、生动，并富有表现力和艺术性。

　　在学习麦克笔建筑画之前，有必要对画面进行系统地分析和研究，去认识、理解麦克笔建筑画的基本元素和主要特点，以便更好地学习和把握（图2-1～图2-13）。

图2-1，建筑写生作品之一（油性麦克笔，2008.2）

图2-2，画面构图：画面主次分明、构图完整而富有变化

图2-3，画面构图：构图过于完整。主体建筑、左上角植物以及右边不完整建筑的高度过于一致，缺少对比，显得呆板。可见，构图对于一幅完整的建筑画是最基本的要求

图2-4，视觉中心营造：画面虚实对比明显，主次分明，视觉中心明确，显得较为生动

图2-5，视觉中心营造：画面多处进行了深入刻画，用力平均，显得平淡，缺少主次，缺少画面的视觉中心，也就缺少画面的生动性

图2-6，画面正负形的控制：边缘线概括并富有变化，图形更显整体

图2-7，画面正负形的控制：因边缘线凌乱，导致图形琐碎。所以，边缘笔触的次序性和完整性，决定着画面的整体性，它是形成画面整体感的要素之一

图2-8，画面色彩：冷色调的画面

图2-9，画面色彩：暖色调的画面。画面的色彩给人以第一视觉印象，是构成麦克笔建筑画的重要语言

图2-10，画面笔触：笔触是构成画面的一种肌理，笔触的排列对物体的塑造起着重要的作用

图2-11，画面笔触：笔触排列缺少次序性，较为凌乱，导致画面整体感不强。笔触是最能体现绘图技巧的一个因素，是构成画面最重要的元素之一

图2-12，画面的光影处理：该图画面灰暗、平淡，不能吸引人的视线

图2-13，画面的光影处理：缺少光影变化的画面，尽管有钢笔线界定建筑的结构及空间，但还显平淡。因此，光影是构成画面立体空间感的重要因素

1. 画面构图

构图的成功与否，直接影响到画面的成败（图2-1-1）。简单地讲，构图就是搭建画面的骨架关系，是将众多的视觉元素进行有机的安排、组合，以达到视觉上的审美要求。构图是麦克笔建筑画绘制中非常重要的基础环节，在深入刻画之前，应选择合适的视角，恰当、协调地安排布置各个对象在画面中的面积、位置、比例等关系以及体块之间的各种关系。理想的构图需要做到平衡中有变化，变化中求统一。满足基本的构图原则之余，还应当根据场所的空间特点尽可能做到兼具个性和视觉冲击力，这可以使画面获得出人意料的视觉效果。构图得当，是一幅建筑写生作品或建筑画成功的先决条件。

图2-1-1，建筑写生作品之二（酒精麦克笔，2008.7）

（1）幅面样式选择

麦克笔建筑画常见的幅面样式有："方"式、"横"式和"竖"式三种。"方"式构图适宜表现空间的局部或高度和宽度相近的建筑及室内空间，画面显得大气沉稳（图2-1-2）；"横"式构图适宜绝大多数空间场景的表现，画面元素呈现安定平稳之感，使室内场景显得开阔舒展（图2-1-3）；"竖"式构图适宜表现纵深感较强、竖向空间尺度较高的室内场景，它呈现高耸上升之势，使空间显得雄伟、挺拔，很有气势（图2-1-4）。

【技巧指要】

在绘制麦克笔建筑画时，首先应根据所选择的建筑场景的空间尺度、环境特点等因素决定其幅面样式。

图2-1-2，采用"方"式构图所表现的画面效果（水性麦克笔，2003.3）

图2-1-3，采用"横"式构图所表现的画面效果（水性麦克笔，2004.7）

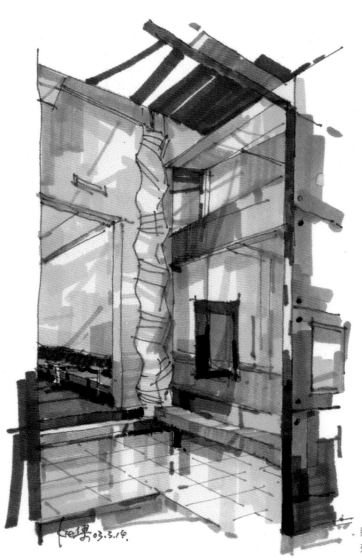

图2-1-4，采用"竖"式构图所表现的画面
效果（水性麦克笔，2003.3）

（2）容量的确定

麦克笔建筑画中的主体建筑在画面中所占的比例大小至关重要，所占的比例不宜太大或太小。太大会使画面显得局促、拥挤，不易表现画面的空间感和纵深感；而太小则使画面显得空旷、冷清，因为需要对环境、配景进行大面积的描绘，主体就难以突出（图2-1-5）。

【技巧指要】

构图时，要考虑主体建筑在画面中的体积大小，主体和配景所占面积的比例关系。所以要注意对画面中某一建筑或建筑的某一局部的体积进行适当强调，产生对比，以形成视觉中心。

图2-1-5-a

图2-1-5-b

图2-1-5-c

图2-1-5-d

图2-1-5，容量的确定（油性麦克笔、彩色铅笔，2010、3）

a图：建筑体积过大，画面显得局促、拥挤、压抑；

b图：建筑体积过小，画面显得空洞，主体不够突出；

c图：建筑体积适中，但配景（植物）在画面中所占的面积与主体建筑过于接近，弱化了主体建筑；

d图：建筑面积适中，配景（植物）与建筑的面积对比合理，画面的主次分明

（3）视点与角度

表现建筑或室内空间，必然要牵涉视点和角度的选择。因为选择不同的视点及角度，将产生不同的视觉感受。视点的选择不宜过高也不宜过低，可视建筑的高低及体量大小而定。建筑写生作品和建筑画选择视角要以最能体现建筑外观线条和体块特征为目标，充分反映了建筑的造型特点，以取得良好的视觉效果（图2-1-6、图2-1-7）。

【技巧指要】

一般情况下，建筑越高大，视点则越低，这样能体现出建筑高耸挺拔的感觉。低矮的建筑视点则略高些，给人以亲切感。角度不宜太正，过正的角度会使画面显得呆板，难以塑造建筑的体量感。而过于偏在建筑两侧面中间，则会使构图缺少视觉中心。

图2-1-6，采用仰视所表现的画面效果（水性麦克笔，2002.9）

图2-1-7，采用俯视所表现的画面效果（水性麦克笔，2002.9）

（4）构图法则

麦克笔建筑画构图中，节奏、面积、均衡是三个重要的法则。只要整体掌握构图在这三方面的技巧，并结合不同场景针对性处理，就可以事半功倍，使得画面构图灵活生动，富有吸引力。

a. 节奏

表现建筑时，要注意建筑和配景或建筑和建筑之间所构成的天际线的变化，应如同乐章中的前奏与高潮，具有明显而清晰的节奏变化，显得韵律丰富。反之，则沉冗拖沓，单调平淡（图2-1-8）。

另外，节奏还可以体现在画面空间层次的丰富性上。在画面中设置明确的近、中、远景，也能够使画面节奏感强，真实生动。

【技巧指要】

无论画面中的建筑怎样改变，其天际线的形态始终都应该给予关注。在实践中，初学者往往比较容易忽视这一点。

图2-1-8-a

图2-1-8-b

图2-1-8-c

图2-1-8，节奏（油性麦克笔、彩色铅笔，2010.3）
a图：画面构图平淡，天际线缺少起伏、节奏的变化；
b图：画面构图中天际线的起伏变化明显，富有节奏感；
c图：画面构图灵活生动，富有节奏感，前后空间层次分明

b. 均衡

均衡不等同于平均，更不是简单的对称，指的是一种力量上的平衡关系。较好的构图应当协调稳妥，平衡中具有动感，稳重且有变化（图2-1-9）。

【技巧指要】

构图时，主体建筑的体量大小及画面构图是否均衡，视角起着很大的作用。视角太正，画面建筑体量较大，构图就容易对称，画面显得呆板。视角适当偏移，建筑显得生动活泼，但画面容易产生失重感，就需要添加配景来平衡画面。

图2-1-9-a

图2-1-9-b

图2-1-9-c

图2-1-9-d

图2-1-9，均衡（油性麦克笔、彩色铅笔，2010.3）

a图：建筑主体突出，形象明确，与右边树木相互呼应，获得构图上的平衡，画面显得较为稳重；

b图：画面中左边的物体较为集中，视觉上力量失衡，导致构图失去均衡感；

c图：主体建筑以及画面中的左边建筑和右边树木在面积和高度上过于接近，缺少对比，以至画面的构图显得对称、呆板；

d图：画面中的主体建筑尽管与配景在面积和高度上有所变化，但其在画面过于居中，导致画面呆板，不够生动

c. 体量

由于麦克笔建筑画不可避免地涉及建筑单体，因此把握好画面中建筑本身以及建筑与周边环境之间的尺度关系是构图的重点，也是初学者比较容易忽略的环节。恰当的体量表达能够准确还原场所的尺度感和空间感，为观者营造恰如其分的场所感（图2-1-10）。

【技巧指要】

体量的表达关键在于对建筑尺度、空间尺度的把握，这依赖于建筑、环境艺术设计的专业知识背景。同时，只有养成平时多关注身边各种尺寸的习惯，才能具有良好的尺度感，在徒手表现时做到胸有成竹。

图2-1-10-a

图2-1-10-b

图2-1-10，体量（油性麦克笔、彩色铅笔，2010.3）
a图：主体建筑和配景植物的体量相近，导致画面的主体不够突出，显得较为平淡；
b图：主体建筑与配景植物的体量大小对比明显，画面主次分明，主体突出

2．视觉中心营造

麦克笔建筑画的美感来源于组成场景的各元素间的主次、轻重关系，通过这种关系的组织形成画面的视觉中心，因此视觉中心的营造是画面构成的又一要素。如果只是单纯地凭视觉印象刻画对象，不进行主次、虚实、繁简的区别处理，画得面面俱到，平均对待每一件物体和每一个细节，画面会产生"过实"、"生硬"的感觉，显得呆板、平淡而缺少生气。强调了视觉中心的画面既能够吸引观者的注意力，让观者能着重欣赏作者想要重点表达的部分，也能有效地克服画面中的平均主义和平铺直叙，使场景表现出清晰而丰富的节奏感。为了强调画面视觉中心，作者需通过对画面进行主观的艺术处理来突出某一部分，从而将观者的注意力引向构图中心，形成的视觉聚焦（图2-2-1）。

根据画面的空间主次、远近关系来确定物体塑造的繁简虚实，形成画面的层次感。视觉中心的营造主要以对比的处理手法，其中包括虚实对比、色相对比、明度对比、纯度对比、冷暖对比、面积对比等手法。除此之外还可以通过采用诱导性构图的手法以形成画面的视觉中心（图2-2-2）。

图2-2-1，建筑设计表现图之四
（水性麦克笔，2003.2）

图2-2-2，通过开动的汽车诱导构图，形成画面的视觉中心（水性麦克笔，2002.9）

方法一：虚实对比。是拉开画面层次，突出画面主体的常见处理手法。处理画面时，不应对场景中所有物体描绘得面面俱到，平均对待。而是要通过重点刻画，强调画面的主体内容或主要位置，以区分场景的空间关系，形成主与次的强弱对比，营造视觉中心（图2-2-3）。

图2-2-3-a，该画面远景的建筑及近景的杂物均刻画得比较深入细致，导致视觉中心混乱，画面缺少主次关系（水性麦克笔、电脑合成，2010.5）

图2-2-3-b，该画面近景的杂物刻画得比较细致，形成画面的视觉中心（水性麦克笔，2010.5）

图2-2-3-c，采用虚实对比的处理手法。该画面中的建筑虽处于远景，但通过深入刻画，与其他部分形成虚实对比，形成画面的视觉中心，可见，画面中无论是建筑还是杂物、远景还是近景，都能够构成画面的视觉中心（水性麦克笔，2010.1）

方法二：色彩对比。主要包含色相、纯度之间的对比。主体建筑的色相可相对明显，纯度、明度对比较强。次要建筑或其他配景的色相可适当接近些，纯度、明度对比较弱。在统一完整的色调中寻求变化，产生强烈的视觉效果，形成画面的视觉中心（图2-2-4）。

方法三：明度对比。是指色彩的明暗对比或称黑白灰关系。加强明度对比，可使画面产生强烈的空间视觉效果，也是增强画面空间感的有效方法。画面上如果出现色彩发灰，显得沉闷而平淡时，就可在明度上找原因。可以加深或提亮其中的某些颜色，使画面中色彩的明暗差距拉开。一般情况下，主体的明度对比强烈，配景的明度对比平和，以此产生对比，形成视觉中心（图2-2-5）。

图2-2-4，采用色彩纯度对比的处理手法。该画面中，主体石头的色彩纯度较高，与远处色彩纯度较低的石头形成强烈的对比，构成画面的视觉中心（水性麦克笔，2010.1）

图2-2-5，采用明度对比的处理手法。该画面中的视觉中心明度对比强烈，其他部分明度对比平和，由此形成画面的视觉中心（水性麦克笔，2007.2）

方法四：面积对比。是主体建筑和配景之间在画面中所占面积大小的比例。画面中如果各物体面积相近或平均，容易产生主次不分的问题。因此，要借控制场景中主体与配景之间的面积大小达到突出重点的目的。一般来说，画面主体面积较大，则构图饱满充实，视觉中心明确（图2-2-6）。

图2-2-6-a

图2-2-6-b

图2-2-6，采用面积对比的处理手法，形成画面的视觉中心（油性麦克笔、彩色铅笔，2010.4）

a图：主体建筑的面积在画面中所占的比例较小，且刻画简单，而画面左边的树木面积较大且刻画深入，导致画面的视觉中心不明确；

b图：主体建筑在画面中所占的面积较大，而配景在画面中所占的面积较小，画面主次分明，视觉中心明确

图2-3-1，室内设计表现图之一（水性麦克笔，2001.11）

3. 画面正负形的控制

　　麦克笔快速和概括表现的画面中，如果将麦克笔的着色部分的图形看成为正形，那么留白部分则成为图形关系中的负形。正形和负形构成了完整的画面，所以不可只注重正形而忽略负形。负形同样需要精心安排，要尽可能地留出合适的形态使画面的构图获得平衡的美感。两者之间处理得当既省略了笔墨，使构图变得紧凑，又能极大地丰富视觉感受，使画面表现充满趣味、生动简洁、通透活跃，更加耐人寻味，更富有整体感（图2-3-1、图2-3-2）。

灰色为图，白色为底，图形完整而富有变化

图2-3-2，正负图形的转换

白色为底，灰色为图，图形也显得较为完整

【技巧指要】

　　作图时需严格控制图形边缘的笔触，保持画面边缘留白部分形态的整体感和美观性，尽量避免由于用笔的随意性而造成的画面图底关系的琐碎感和松散性，使画面的正负图形结构保持平衡感和协调性（图2-3-3、图2-3-4）。

图2-3-3，建筑写生作品之三（水性麦克笔，2002.11）

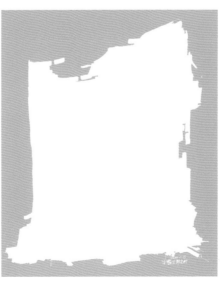

图2-3-4，正负图形的转换

灰色图形整体感较强，边缘完整而不失变化　　　　　灰色图形同样也显得较为整体

4. 画面色彩

麦克笔建筑画的画面色彩给观者以第一视觉印象，其画面是通过色彩来渲染，并塑造空间氛围、远近层次、虚实关系、材料质感等。因此，色彩是构成麦克笔建筑画的重要语言（图2-4-1）。

在麦克笔建筑画中，色彩的运用方式主要分为两个类别。其一是以色彩关系的表现为主要手段的表现方式，在铅笔线稿上赋以充分的颜色并强调明暗变化，以此表现画面的空间感、体积感和色调。它的上色时间相对较长，主要用于写生、创作的作品。其二是以钢笔线描为基础并施色彩的表现方式。底稿可以是明暗关系表达较为充分的钢笔线描，也可以是寥寥几笔而极具概括性的钢笔线稿。然后用麦克笔工具表现主要物体、主要体块的色彩关系。画面色彩相对较简洁、概括，塑造不求深入。它的上色时间相对较短，是一种概括、快速的表现方式，主要用于设计表现图。

不论是建筑绘画作品的画面色彩，还是建筑设计表现图的画面色彩，两者都注重追求画面色彩的统一性和协调性。

【技巧指要】

在落笔前对画面的色调把握要做到心里有数，主要是依靠同类色的搭配及对比色的互补来使画面色调协调统一（图2-4-2）。合理地运用同类色和对比色的搭配，准确表现画面中物体的固有色、环境色和空间位置关系，使画面的色感和谐统一并富于变化。画面色调的调和可采用以下几种方法。

图2-4-2，同一色彩受不同背景色的影响，产生不同的视觉感受

图2-4-1，画面中运用色彩对比主要是为了渲染气氛，强调重点与背景的主次关系（酒精麦克笔，2008.5）

图2-4-3-a，主导色调和（水性麦克笔，2003.2）

图2-4-3-b，只要调整画面中主要色块的色相，画面的色调将产生变化
（水性麦克笔、电脑调色，2003.2）

方法一：主导色调和。是指在多种颜色组合的画面中，某种色彩或色系整体地统治画面，或割裂地分布在整张画面上，其在画面中所占的面积大大超过其他色系的面积。此统治或分布使得某个色彩或色系，在画面上起着主导（调）的作用，其余各色都处于次要、陪衬的关系。这样主调既定，主宾分明，画面的色调自然形成并和谐统一（图2-4-3）。

方法二：光源色调和。当物体在同一光源的照射下时，各个固有色不同的物体都被染上一定明度、色相的光源色，产生某种色彩倾向，形成统一的色调。光源色的色素越强，色调的倾向性就越大，反之倾向性越小。户外写生的主要光源（发光体）是日光，同一景物，因季节、时间不同，光源的色彩倾向也会产生变化。其中早晨和傍晚阳光的色彩倾向最为明显。平时应仔细观察，掌握好不同时段光源色变化的规律，控制好画面的色调（图2-4-4）。

图2-4-4，光源色调和（水性麦克笔，2008.8）

方法三：环境色调和。任何物体都存在于某一具体的环境之中，环境色是周围环境的色彩在物体上的反映。因此，除了光源色对物体固有色的影响之外，还存在着环境色对物体固有色的影响。物体的环境色随着光线的强弱变化而产生不同的影响。光线越强，物体所受环境色的影响就越大，画面的色调也将越统一、协调。因此，对固有色不能以固有的观念去观察，而必须在变化当中去认识，否则，就会孤立地看色、辨色，而忽略环境给物体色彩带来的各种变化（图2-4-5）。

图2-4-5，环境色调和（水性麦克笔，2001.10）

方法四：同类色调和。同类色是指色相比较接近的各种颜色。在色环中，我们可以找到互相邻近的各色，以各种色相近的颜色组成统一的色彩基调，使其彼此呼应，起到相互关联的作用，便可产生色彩的某种调子。画面中尽可能简化色彩的冷暖和补色变化，仅在同色系中求得简洁单纯的色彩效果。为避免同色可能造成的单调贫乏，可在画面某些局部范围，如建筑物的屋面、局部墙面、交通工具、人物、植物配景缀以醒目艳丽的色彩，在素净的色调中制造一个对比色，画面会随之显得生动（图2-4-6）。

图2-4-6，同类色调和（水性麦克笔，2003.6）

图2-4-7-a，中性色调和（水性麦克笔，2002.9）

图2-4-7-b，调整画面中植物的色彩，画面的色调将产生不协调感，甚至连主次关系都将产生变化。可见，在控制画面的色调时，有时为了追求画面色彩的协调性，往往降低某一物体色彩的纯度，"加入"中性色，使画面色彩达到和谐统一（水性麦克笔、电脑调色，2002.9）

方法五：中性色调和。是指通过降低画面中所有颜色的纯净度，使画面色彩协调并呈现中性倾向的色调。中性色的掺和形成调和色调。中性色往往是指金、银、黑、白、灰五种色，在画面中用这五种中性色来调和，承担对其他各色缓冲与补色平衡作用。当画面中色相不同的颜色组合在一起，且色彩在画面中所占面积又相似时，可调入某一种中性色，减弱色相的明显特征，便可形成统一的色调（图2-4-7）。

5. 画面笔触

麦克笔建筑画中最富有艺术表现力的元素是笔触。笔触是构成画面的一种肌理，它最能体现作画者的情感思想，同时也是最能体现绘图技巧的要素。因此，它也是构成画面最重要的元素之一。无论是麦克笔建筑写生、创作作品还是麦克笔建筑设计表现图，画面中的笔触排列和运用都非常讲究。特别是笔触对塑造形体、表现空间效果有着极其重要的作用。

笔触运用得合理，画面的塑造便会变得轻松而有章法，较易表现出空间感和体积感。笔触运用得混乱，画面上呈现的将是杂乱无章的局面，不但会破坏形体空间的塑造，也会让作画者花费了很多时间却只得到事倍功半的效果（图2-5-1）。

图2-5-1，建筑设计表现图之五
（水性麦克笔，2003.2）

麦克笔建筑画中绝大多数的表现方式对笔触的排列有着严格的要求，一般以线条、笔触的排列、交叉、重叠为主，以表现画面的色彩和明暗的渐变以及对形体和空间的塑造。其笔触可粗可细，可急可徐，可整齐可变化，可强烈可隐约，可用于大面积色彩的覆盖，也可用于局部色彩的刻画。也有的通过笔触的融合追求细腻的效果，使画面刻画得更加深入真实。因此在塑造画面时，用笔的方向、宽窄、疏密、收放、融合等都应该非常地讲究，需要在一定规则的指导下进行合理地运用。正确而灵活的运用笔触对画面的最终表现效果起到重要的影响。

【技巧指要】

方法一：所采用的画面表达方式的不同，笔触的运用也应有所不同，但其目的都是为了更好地塑造空间形体。

方法二：画面笔触的排列应该讲究次序性，缺少次序性的笔触，将导致画面产生零乱、松散的感觉（图2-5-2）。

方法三：通过长期练习，增强眼与手之间的协调性，提高对于笔触的控制力，控制笔触画出边缘线。

方法四：要合理地用笔，针对不同的宽窄面积来确定用笔方式，以减少笔触对画面形态的破坏（图2-5-3）。

图2-5-2，建筑写生作品之四（水性麦克笔，2003.7）

图2-5-3，建筑写生作品之五（水性麦克笔，2003.7）

图2-6-1-a

图2-6-1-b

图2-6-1，光影对画面的作用（油性麦克笔、彩色铅笔，2010.4）
a图：光影较弱，明暗对比平淡，画面空间感不强；
b图：光影强烈，明暗对比明显，画面空间感较强

6．画面的光影处理

光影是构成麦克笔建筑画立体空间感的重要因素，没有光影的画面将显得暗淡无色，或易产生不应有的平涂的色块，像是装饰性的图案，缺少三维的空间感。光影越强烈，画面的明暗对比越明显，空间感越突出（图2-6-1）。

画面的光影包含光和影的相互关系，光线的射入必定会使物体产生界面明暗的渐变和不同形状的阴影。光线与投影是营造画面空间气氛和意境的最基本元素，也是增强画面空间感和立体感的主要手段。晴天或阴天的自然光，早晨或傍晚的太阳光，片状的、线状的或点状的人工光，强烈而刺眼的或柔和而平静的装饰光，都能为建筑或室内空间增添特有的气氛。让单一的空间产生丰富的视觉变化，带给空间使用者丰富的心理感受。可知，光影在画面中不仅增强了明暗色彩的视觉层次感，也让画面变得更富有艺术性和变幻感（图2-6-2）。

根据光影透视原理，投影的浓淡及方向的正确表达，也暗示着光源的强弱和方向。而光影的强调与否，决定着纵深感的强弱变化，也控制着画面视觉中心的位置。其结果是，光影对比越强，物体越突出，越是吸引人的视线。

图2-6-2，风景写生作品（水性麦克笔，2009.2）

【技巧指要】

　　方法一：在描绘麦克笔建筑画之前，首先应分析受到自然光源与人工光源影响而造成的光影效果，掌握表现光感的各种技巧，在画面的基本明暗及色彩关系确立的基础上，分析在不同的光照影响下的空间光影存在状态，体会自然光源特征、人工光源特征、建筑阴影生成和变化的状态与规律（图2-6-3）。

　　方法二：一般情况下，画面中只确立一个主导光源，在此基础上来分析物体间的阴影变化关系，根据光影生成的客观规律来添加投影和界面的明暗渐变，并注意明暗随光线衰减而产生的强弱变化，从而在物体与物体间、空间界面与空间界面间及物体与空间界面间建立起联系，让画面产生了真实感（图2-6-4）。

图2-6-3，不同时间的阳光会产生不同的光照效果，受光面与背光面的明度、色相都将产生微妙的变化（水性麦克笔，2003.2）

图2-6-4，表现建筑的光照效果时，应注意受光面与背光面的色相明暗差别，受光面亮且暖，背光面暗且冷（水性麦克笔，2008.7）

第 三 章
麦克笔建筑画的相关基础课程

3. 钢笔画

2. 透视与制图

1. 造型基础训练

THE THIRD CHAPTER

3

第三章
麦克笔建筑画的相关基础课程

想画好麦克笔建筑画，不只是了解麦克笔的性能及各种表现技巧，而且还要具备相关基本造型能力，掌握建筑专业知识。如：素描、色彩、钢笔画、透视与制图等。这样才可以把基础训练与实践运用结合起来，使基本技法在实践中得到深化和融会贯通，从而在运用麦克笔的表现中驾轻就熟。

1. 造型基础训练

采用麦克笔绘制建筑画，必须要具备一定的造型塑造能力。学习素描、色彩可以了解和掌握造型艺术的特点及基本规律，培养正确的思维方法和观察方法。素描是构成一张完整麦克笔建筑画的形象、空间、明暗和体量感的基础。色彩作为视觉语言最外在的一种表现元素，对画面的叙述、表达等都有一定的影响，是人们最容易感受到的一种形式美感，能使人产生相应的心理效应。麦克笔画在着色阶段需运用到色彩的基本原理和表现技法，画面中氛围的渲染很大程度取决于色彩的表现。

缺少素描基础便缺乏了塑造立体空间形态的能力，而缺少色彩基础便丧失了让空间表现得充满活力的可能。

（1）素描

素描是造型艺术的基础。它着重解决物体形态的表现和场景空间的塑造问题。通过素描基本功的训练，有助于解决如何立体地表现空间、形态等基本问题。在此基础上，可以运用素描中的构图原理及画面处理手法有效地表现相应的场景，让画面呈现出形式美感和空间感。有助于初学者准确地塑造画面空间感和体积感，也能为观者提供良好的观看角度，以便其对设计的空间效果做出评判（图3-1-1）。

【技巧指要】

画面中不同界面的明度如果过于接近，将缺少整体的明暗关系，造成受光面和背光面难以区分，界面关系显得含混不清，物体的体积感和空间感也难以表达，此时要适当加强界面之间的明暗对比，区分界面之间的素描关系。

图3-1-1，静物写生作品（水性麦克笔，2002.12）

（2）色彩

　　学习色彩，首先要了解色彩的三要素：色相——色彩呈现的面貌，是色彩的最基本特征；明度——色彩的明暗程度；纯度——色彩的饱和程度。

　　色彩的合理运用是画面呈现出真实感的一个重要原因，通过色彩的表现训练，一方面可以培养组合搭配各种颜色的能力（包括有同类色的组合、对比色的组合等）。让训练者能够利用色彩学原理，较为准确地表现出建筑及室内空间中的固有色、环境色及光源色等，也能有意识地组织好画面的色调，在色彩组合上达到和谐与雅致。另一方面也需要通过色彩表现物体间的空间关系，包括空间中的前后关系、上下关系、主次关系等。因此，色彩不仅增强了场景的真实感，也能更有效地为画面增添气氛（图3-1-2～图3-1-8）。

【技巧指要】

　　画面要达到既有统一（调和）而又有变化（对比）的色调，常常通过比较色彩在画面中的明度、纯度及所占的面积来进行一定调整。

图3-1-2，通过静物写生练习，可以学习掌握一些最基本的构图方法，并在实践中不断探索和创新（水性麦克笔，2003.5）

图3-1-5，局部（水性麦克笔，2003.5）

图3-1-3，局部（水性麦克笔，2003.5）
图3-1-4，局部（水性麦克笔，2003.5）

图3-1-6，通过静物写生可以增强写实基本功，其绘画语言的表现力也能得到提高，直至得心应手（水性麦克笔，2003.5）

图3-1-7，人物创作作品之一
（水性麦克笔、彩色铅笔，
2007.11）

图3-1-8，人物创作作品之二
（水性麦克笔、彩色铅笔，
2007.11）

图3-2-1，建筑写生作品之六（水性麦克笔，2003.3）

2．透视与制图

建筑室内、外空间层次的表达需要依赖准确的透视关系。若违背透视规律，画面中的建筑形体或空间与人的正常视觉感受不一致，画面就会变形、失真，缺少空间真实感。因此掌握正确的透视规律是麦克笔建筑画得以呈现的基础和前提。透视在麦克笔建筑画中很重要。就像素描中，再好的明暗关系若离开了形体也就失去了意义。同样，麦克笔画中色彩再漂亮、结构再严谨、笔法再熟练，若失去了空间尺度的比例关系，也就失去了真实感，失去了建筑画的意义（图3-2-1）。

（1）透视

"透视"的含义是指通过透明的介质来看物体，物体通过聚向眼睛的锥形线映射在透明介质上，便产生了透视图形。现在把三维景观通过二维平面描绘，得到近大远小、具有立体感的图像称为透视。这种透视是依据视觉的几何学和光学规律，来确定景物远近、大小等关系，具有科学性。在麦克笔建筑画中，透视是造就空间真实感的重要因素，它直接影响到整个空间的比例尺寸及纵深感。了解并科学地运用透视学原理，能够为空间表现打下坚实的基础，也能够为设计师在绘图中把握空间尺寸角度等提供

科学的依据。麦克笔建筑画中经常采用的透视方法分为一点透视（即平行透视或焦点透视）、两点透视（即成角透视）以及三点透视（仰视或俯视）。不同的透视所形成的画面效果也各有差异，作者应根据其特点适当选择，合理运用。

掌握透视和工程制图的能力对建筑设计师而言是必不可少的，它们也是影响建筑设计表现图严谨性的重要因素。

a．一点透视（平行透视、焦点透视）

放置在基面上的方形物，如果有两组竖立面，（另一组为水平面）一组竖立面平行于画面，另一组垂直于画面，且水平棱边均消失在一个点上，这时产生的透视现象称作一点透视。

一点透视亦称平行透视或焦点透视，是一种最基本、最常用的透视方法，其特点是表现范围较广、画面平稳、纵深感强。通常一张平行透视图，能一览无余地表现一个空间，多用于表现较大的空间场景（图3-2-2）。

一点透视也存在弊端，其画面常显得较呆板，与真实效果有一定距离。

【技巧指要】

一点透视的画面中所表现的建筑或室内显得稳定、平衡，纵深感强。适合表现政府大楼、纪念馆、宗教建筑等庄重、稳定、宁静的建筑及室内空间。

用一点透视或以下所介绍的两点透视绘制室内空间时，视平线一般均设在画面由下往上的1/3处。这种视线的画面稳重，并给人以亲切感，仿佛身临其境。根据所要表现的室内场景，亦可将视点的位置适当上下移动（地面摆设复杂、顶面装饰简单时，视点位置可向上移动。反之，则向下移动），将视点调整至适宜表现空间主要内容的位置。

b．两点透视（成角透视、余角透视）

放置在基面上的方形物，如果有两组竖立面，（另一组为水平面），两组竖立面均不平行于画面，且各水平棱边分别消失在两个消失点上，这时所产生的透视现象称为两点透视。

两点透视亦称成角透视或余角透视，是一种有着较强表现力的透视方法。其特点是透视及画面较为生动、活泼，具有真实感，是常用的透视类型（图3-2-3）。

两点透视也存在弊端，若消失点的位置选择不当会使透视产生变形，失去真实感。

图3-2-2，一点透视在建筑写生作品中的运用
（水性麦克笔，2002.10）

图3-2-3，两点透视在建筑写生作品中的运用（水性麦克笔，2008.2）

两点透视特别适合表现外部建筑，能正确反映出建筑的正侧两个面，利用明暗对比关系，容易表现建筑的体量感。它也适宜表现室内的局部空间、家具的造型等，可使图面效果灵活生动并富有趣味性。

c. 三点透视

放置在基面上的方形物，如果三组平面均倾斜于（既不平行，也不垂直）画面，且三组棱边均与画面成一定角度，分别消失于三个消失点上，这时所产生的透视现象称三点透视，三点透视也是一种常用的透视方法（图3-2-4）。

【技巧指要】

三点透视具有强烈的透视感，特别适宜表现高大的建筑和规模宏大的鸟瞰下的城市规划、建筑群及小区住宅等。

绘制相对较高大的建筑（十层以上）时，可采用三点透视的方法。地平线往往根据建筑高度来确定，一般设在画面由下往上的1/10至4/10处。对高大建筑要表现强烈的仰视效果时，可将地平线确定得更低些。

图3-2-4，三点透视在建筑写生作品中的运用（水性麦克笔，2008.2）

（2）工程制图

工程制图是绘制麦克笔建筑设计表现图必备的专业基础，主要用于解决空间中各界面的尺寸问题。它反映的是物体的真实尺寸。和透视学的原理相对应，它是建筑设计师在平面上研究尺度的重要参考依据，也是透视在真实环境中的绝对尺度参考（图3-2-5、图3-2-6）。

【技巧指要】

建筑或室内空间的尺度通过制图呈现，绘制建筑设计表现图时要严格以施工图（或立面图）的尺寸为依据。

图3-2-5，建筑画具有客观性、科学性、艺术性、创作性等特点，是集艺术和工程技术为一体的一种表现形式，"艺术地再现真实"是建筑画创作的最高境界（水性麦克笔，2003.5）

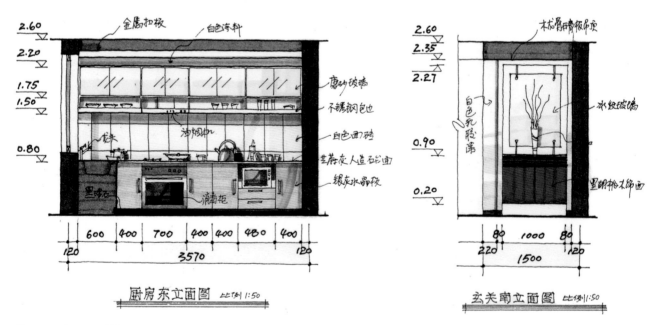

图3-2-6，立面图。读懂设计图纸，搞清楚每一立面的构造和细节，有助于建筑画的表达（水性麦克笔，2002.6）

3. 钢笔画

麦克笔建筑画特别是设计快速表现画法，是在钢笔线图的基础上敷色而成。钢笔线图的好坏，直接影响到麦克笔表现图的效果。钢笔线图还可以帮助麦克笔克服最大的弱点，即难以限定和保持清晰的边缘。麦克笔具有透明性，上色后不会因色彩的涂抹而覆盖钢笔线条。因此，在绘制设计表现图之前，必须要先掌握好钢笔的线描画法（图3-3-1、图3-3-2）。

作为麦克笔建筑画的钢笔底稿，注重的则是形体结构的严谨性及透视的准确性。

图3-3-1，建筑钢笔画之一。钢笔画的好坏会影响到麦克笔的效果，勤画速写是学习钢笔画的最有效途径

图3-3-2，建筑写生作品之七（水性麦克笔，2008.8）

【技巧指要】

方法一：钢笔画的线条，因使用墨水，容易被麦克笔的溶剂所溶解，致使线条周围发乌，影响画面效果，因而可将钢笔画复印在较厚的专用纸上后再上色。

方法二：用钢笔勾勒建筑物的外形轮廓与形体结构时，线条尽量要体现洒脱、流畅的韵律感。（图3-3-3、图3-3-4）

方法三：用钢笔线条的疏密排列来表现建筑物的凹凸造型与明暗光影时，画面的线条组合要体现黑白相间的节奏感。

图3-3-3，建筑钢笔画之二。麦克笔建筑画是建立在透视准确，结构严谨的钢笔轮廓线的基础上敷色而成的，线图的好坏是麦克笔建筑画成败的关键，因此，首先必须要掌握各种表现方法的钢笔线描

图3-3-4，建筑写生作品之八（水性麦克笔，2007.8）

第 四 章
麦克笔建筑画的基础训练

THE FOURTH CHAPTER

第四章
麦克笔建筑画的基础训练

要想熟练地掌握并运用麦克笔表现建筑，须遵循一定的练习方法和步骤，由简单到复杂，循序渐进。先要深刻认识麦克笔工具的特点及色彩的属性，然后从简单的材质练习开始，继而到单体练习，再过渡到空间局部，最后到完整空间的表现。练习中可采用临摹、效仿、参考、借鉴、写生等一系列的练习手段交替进行，通过完成大量的练习，培养"手感"，积累对于用笔、用色、不同处理手法的心得与体会，以促进对于麦克笔表现技法的深刻认识和牢固掌握，并逐步形成自己的表现习惯与风格。麦克笔的表现具有很强的规律性，只有在掌握表现规律的基础上，合理运用表现技法才能将麦克笔的特性得以充分地发挥，将空间、色彩、明暗、体积等效果表现到位。

练习时，一定要注意解决每个阶段所遭遇的不同问题，从而克服在认识层面以及技巧层面的不足与欠缺，获得表现手段的多样性、表达的灵活性。最终，将色彩、线条、笔触等的多种表现手段切实应用于画面，实现由抽象思维到具象画面的转换。

1. 色彩的叠加、混合

麦克笔的颜色种类虽多，也难以满足色彩丰富的画面要求。使用麦克笔时，可将其颜色进行叠加和混合，以达到更多的色彩效果。麦克笔虽然也有三原色，却是一支支装好颜色的画笔，加上易干的特点，在纸上很难通过色彩混合达到标准的间色、复色。所以，麦克笔的三原色与其他麦克笔色一样，不能起到特殊的作用。

色彩的混合、叠加练习是麦克笔表现的基本练习方式之一，主要是想通过该阶段熟悉并掌握麦克笔的色彩特性及搭配规律，这也是快速熟悉麦克笔这种绘图工具的有效途径。

麦克笔色因其透明的特点，勉强地说，只具有单向覆盖能力（严格地讲，不具备覆盖能力），只能用重色覆盖浅色。再者是颜色不宜修改，"悔笔无望"是对麦克笔绘画的真实写照。对于刚接触麦克笔的初学者来讲，往往不敢下笔或是难以控制画面，不能随心所欲地表现物体。颜色多层次叠加时，画面色彩容易导致脏、灰，表现单薄。同时也会出现画面色彩、笔触反差强烈，刻画不够深入等问题。通过多次实践后，才会体会到两色的相互混合和相叠，因其先后顺序及干湿程度不同，产生的效果也有差别。练习时可以通过湿重叠法、干重叠法、先浅色后深色法、先深色后浅色法等多种不同的叠加、混合方法，掌握所产生的色彩和明暗变化的规律，从而更好地控制麦克笔的画面。当然，麦克笔画的效果还和使用的纸张有直接的关系。只有熟悉各种方法和材料性能，才能更好地进行麦克笔画的表现和创作。

【技巧指要】

方法一：单色平涂重叠：同一支麦克笔重复涂的次数越多，颜色就越深（尤其是水性麦克笔）。但过多的重叠次数，会使色彩变得灰暗和浑浊，水性麦克笔还会损伤纸面（图4-1-1）。

图4-1-1-a，单色平涂重叠（水性麦克笔）

第一遍上色

第二遍上色

第三遍上色

第四遍上色

快速平涂法（由上至下，从一遍到多遍重叠）

图4-1-1-b，单色平涂重叠（酒精麦克笔）

第一遍上色

第二遍上色

第三遍上色

第四遍上色

快速平涂法（由上至下，从一遍到多遍重叠）

方法二：多色（两色以上）重叠混合：多种颜色相互重叠时，可产生一种不同的色彩效果，增加画面的层次感和色彩变化。但颜色种类也不宜过多，否则将导致色彩沉闷呆滞（图4-1-2、图4-1-3）。

方法三：同色系平涂渐变：麦克笔色可分为数个色系。而各色系中麦克笔色都有渐变的色彩种类。有时为了使描绘的主题更真实而细致，须对物体的明暗进行渐变渲染。渲染时，在两色的交界处可交替重复涂绘，以达到自然融合、过渡（图4-1-4）。

图4-1-2，多色（两色以上）重叠混合法（水性麦克笔）

多色重叠干画法

多色重叠湿画法

多色混合渐变法

图4-1-4-a，同色系平涂渐变法（水性麦克笔）

同一色系渐变干画法

同一色系渐变湿画法

图4-1-3，灰色"覆盖"艳色法

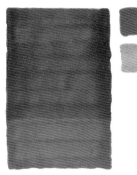

左图：酒精麦克笔，以冷灰色"覆盖"朱红色，其结果为降低朱红色的纯度；右图：水性麦克笔，以冷灰色"覆盖"群青色，其结果为加深群青色的明度及降低群青色的纯度

图4-1-4-b，同色系平涂渐变法（油性麦克笔）

同一色系渐变干画法

同一色系渐变湿画法

方法四：多色重叠渐变：麦克笔画中，经常会有不同色系中色彩渐变的效果。在涂绘渐变之前，先选择适当的色彩进行搭配，以避免色彩之间的不协调感。渲染时，可选择色彩渐变的湿画法，也可采用两色笔触相互渗插的干画法，以达到自然过渡（图4-1-5）。

图4-1-5，多色重叠渐变法

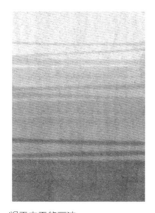 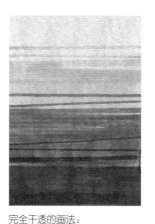  

将干未干的画法：
利用同一色系的色彩，根据明度的不同，依次从亮到暗，先涂底色，待未干时，接着用次深的颜色排涂，依次类推。特点：色彩笔触柔和，宜表现暗部不显眼的位置

完全干透的画法：
上色的程序与左图相同，不同的是待上一遍颜色完全干透后再进行上色。特点：笔触刚硬、有力，宜表现亮部及较显眼的物体

同类色过渡画法：
找出同类的色彩，上色从最亮处开始，每一色彩涂满各自所占的位置及面积，两色之间过渡时，通过笔触之间的相互穿插形成自然过渡。特点：色彩过渡概括，画面显得具有张力，但稍显生硬。

对比色过渡画法：
找出色相不同、明度相近的不同颜色，从最亮色开始排笔，再依次排开。两色之间的过渡色相虽然不同，但明度尽量接近，通过笔触之间的相互穿插形成自然过渡。特点：色彩过渡自然、变化丰富。

方法五：以浅色"冲洗"深色：麦克笔因其颜色透明，一般只能遵循由浅色到深色的先后程序铺色，用笔的次数或颜色的重叠多了，容易导致画面变脏。但如果先涂深色，趁其未干，再以浅颜色去"冲洗"深颜色，所混合叠加的颜色变化微妙，处理得当甚至还可以达到"虚幻"的效果。这种方法可获得麦克笔特有的肌理效果，拓展了表现技巧和手法，为麦克笔建筑画带来了独有效果和画面的厚重感，也增加了麦克笔建筑画的欣赏价值（图4-1-6）。

图4-1-6，以浅色"冲洗"深色法

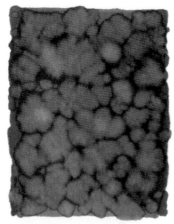 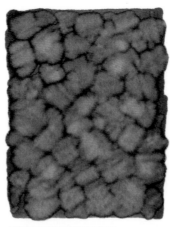 

油性麦克笔所获得的效果　　　　　酒精麦克笔所获得的效果　　　　　水性麦克笔所获得的效果

方法六：喷水或酒精：使用麦克笔时，如果快速往返用笔，所描绘的色块保持一定的湿度，再根据麦克笔颜色的性能喷洒水或酒精，将产生一定的肌理效果，丰富画面的表现力（图4-1-7、图4-1-8）。

图4-1-7，水性麦克笔喷水法

水性麦克笔多次平涂重叠　　　　　　颜色未干时，用小喷壶向画面多次
　　　　　　　　　　　　　　　　　喷水，所产生的效果

图4-1-8，酒精麦克笔喷洒酒精法
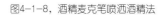

酒精麦克笔平涂　　　　　　　　　　颜色未干时，用小喷壶向画面多次
　　　　　　　　　　　　　　　　　喷洒酒精，所产生的效果

第四章　麦克笔建筑画的基础训练

2．线条与笔触

麦克笔常因色彩艳丽、笔触生硬使初学者无从下笔，或下笔后笔触扭动、混乱、不到位，导致形体结构松散、色彩脏腻。笔法的熟练运用及对线条、笔触的合理利用和安排，将对初学者运用麦克笔表现物体起到事半功倍的效果。

麦克笔拥有各种粗细不等的笔头，加上用笔力度的轻重变化，可绘出不同效果的线条、笔触。因此，麦克笔建筑画训练，就是要从基本的线条、笔触练习起步，逐步建立全面、整体、丰富的麦克笔建筑画表现能力。怎样练好

麦克笔线条、笔触的排列与组合，是学习麦克笔建筑画面临的首要问题。

线条、笔触作为构成麦克笔建筑画表现体系的最基本单元，运用的合理程度如何，熟练与否，将会直接影响到画面的表现效果。线条的直曲变化、疏密组合、粗细搭配，不仅使画面产生主次、虚实、疏密、对比等艺术效果，传达迥异的视觉感受，而且还可以借助线条、笔触传达凝重、理性、轻快、跳跃等多种情感（图4-2-1）。

图4-2-1，色块分解图

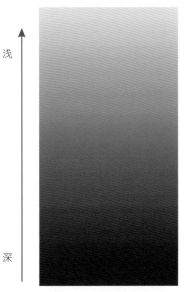

浅

深

自下往上，由深至浅的明暗渐变

概括为三种色块

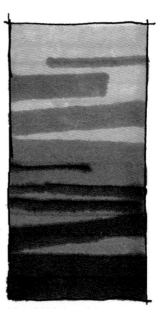

用三种颜色相互穿插，形成明暗的自然过渡

暖

冷

自下往上，由冷至暖的渐变过渡

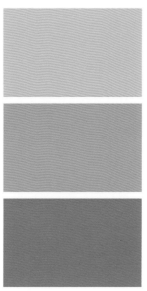

概括为三种色块

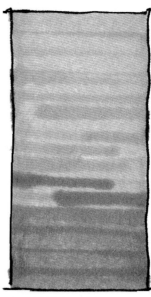

用三种颜色相互穿插，形成色彩的自然过渡

肯定、干净、流畅是麦克笔线条的基本要求和特点。由于麦克笔的笔触生硬，难以有浓淡和轻重之分，且下笔后不易涂改，只有单向的覆盖能力，这就要求作画者必须在下笔之前对描绘对象的结构、体块穿插关系、造型细节有清晰明确的认识，考虑好下笔的位置以及笔触、线条间的组织方式。下笔之时果敢大胆，一气呵成。若不能熟练地控制线条、笔触的长短曲直和粗细变化，不能合理地对线条、笔触的排列组合关系进行协调统一，那么在表现过程中很可能出现线条、笔触破坏画面的整体感，影响空间和形体的整体塑造等问题，画面效果也难如人意。因此只有掌握了线条、笔触的表现技法之后，在处理建筑、景观、室内表现图时才能做到胸有成竹，笔随心动。无论是深入刻画还是快速表现，都能做到得心应手，收放自如。

麦克笔的线条和笔触是极富魅力和变化的造型元素。在绘制麦克笔建筑画的过程中，可根据不同的内容灵活选用不同的表现手法。常见的线条笔触画法有下面几种。

图4-2-2，快速平滑线

快速平滑线：线条直且具有速度感，肯定流畅，多用于快速画法中表现物体界面明暗和色彩的过渡关系。常以宽线条和细线条相结合，穿插进行。此类线条传达出清晰明了的视觉效果，画面爽快大方，具有一定的视觉张力（图4-2-2）。

图4-2-3，"圆点"

"圆点"：油性和酒精麦克笔因渗透力较强，使用时，笔尖在纸面上停留一定的时间，使颜色逐渐渗透到纸面上形成"圆点"。一幅麦克笔建筑画，如果在以肯定生硬的线条、笔触为主的画面中适当穿插这种圆点，可柔化画面，丰富麦克笔的表现性（图4-2-3）。

图4-2-4，短笔触

短笔触：运笔缓慢有力，笔触较短。通常以成组排比的方式塑造物体，或用于强调物体的明暗交界处，是较为常用的一种笔触（图4-2-4）。

虚实变化线：落笔下压有力，收笔上提放松。运笔注重先重后轻变化，笔触流畅并具有虚实的变化，较快速平滑线更为随性多变，多用于表现物体或界面的明暗和虚实过渡，适当运用可使画面效果更显灵动（图4-2-5）。

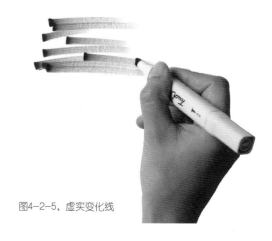

图4-2-5，虚实变化线

曲线：用于表现曲线形态的建筑构件、家具和植物等，线条富有动感，流畅而富于变化。应注意方向的转换承接，使曲线不至于单一（图4-2-6）。

连续线（用笔）：快速往返用笔，连续排线形成较大面积的色块，多用于表达物体或建筑的体块及天空等。这种用笔手法可以使表现的色块表面笔触融合、过渡均匀（图4-2-7）。

自由线（用笔）：用笔自由、随意，是麦克笔线条、笔触运用到一定熟练程度的结果。不受固定规律限制，多用于快速表现画法，须具备较好的画面控制能力方可运用。但一般情况下自由线在画面中不应出现太多，或者"自由"中还需带有一定的次序性，否则容易导致画面散乱（图4-2-8、图4-2-9）。

图4-2-6，曲线

图4-2-7，连续线（用笔）

图4-2-8，自由线（用笔）

图4-2-9，采用自由线（用笔）所表现的画面
（酒精麦克笔、彩色铅笔，2010.5）

【技巧指要】

　　方法一：下笔应肯定有力，运笔要放松。表现物体时，线条、笔触必须到位、清晰，每一笔都有其在画面中的特定地位，起到独特的作用，切忌出现随意涂抹的线条或笔触（图4-2-10）。

　　方法二：在绘制麦克笔建筑画的过程中，经常会碰到需要涂绘大面积色彩的情况。为了能绘出一块均匀或渐变的颜色，需尽量快速地落笔，一笔未干，下一笔续上，且让手臂移动的速度保持不变（图4-2-11）。反之，若运笔速度放慢，将使笔所的停留部位吸收更多的颜料，导致纸面上的色彩不均匀，或出现斑点（图4-2-12）。

图4-2-10，下笔肯定有力，运笔放松

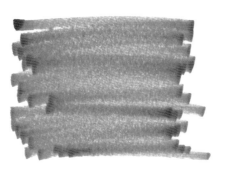

图4-2-11，快速落笔，一笔未干，一笔续上

图4-2-12，运笔速度放慢，停留部位出现斑点

方法三：麦克笔线条、笔触的走向和排列对塑造形体起到至关重要的作用，因此在用笔的方向上要有一定的讲究。常见的用笔方向有以下几种。笔触横向排列：常用于表现地面、室内顶棚等水平面的进深感，也是表现物体竖形立面的常用方法（图4-2-13）。笔触竖向排列：常用于表现木材地板、石材地面及玻璃台面等水平面的反光、倒影，也可用作表现物体横形立面及墙面的纵深感（图4-2-14、图4-2-15）。笔触为斜线型：常用于表现透视结构明显的平面，如木地板、扣板吊顶等，笔触的排摆应与物体的透视方向保持一致。也可表现墙面等竖立面的光感，或结合其他方向的笔触一同使用，使画面显得更加生动。笔触为弧线型：常用于表现圆弧形物体的形体及其体量感，或用以丰富画面笔法（图4-2-16）。总之，线条、笔触的排列组合应具有一定的秩序感，也可存在一定的程式化。

方法四：当无法画直一条完整的长线条时，可以借助直尺完成，一定要保持线条的肯定与流畅，不要画出弯曲、扭转的线条，这样显得软弱无力（图4-2-17）。

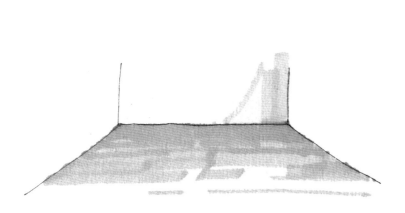

图4-2-13-a，横向笔触表现地面

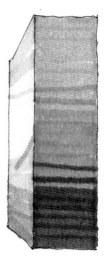

图4-2-13-b，横向笔触表现物体竖形立面

图4-2-14，竖向笔触表现物体横形立面

图4-2-16，弧线型笔触表现圆弧形物体

图4-2-15，竖向笔触表现水平面的反光、倒影

图4-2-17，借助直尺画长线

3．体块的表达

体块由高度、宽度和深度所组成。深度在造型艺术中称为物体的空间性（即立体性），这也是体块的最基本特征。无论我们所描绘的对象呈现怎样纷繁复杂的形态样貌，都能将其归结为简单的体块造型。因此，把握住体块的空间特征和表现规律，将线条和笔触建立在空间体块的骨骼之上，就可以比较容易地表现对象（图4-3-1）。

图4-3-1，建筑写生作品之九（水性麦克笔，2002.11）

【技巧指要】

　　方法一： 以线条的形式表达体块。这种表现方式在麦克笔建筑画中应用得相对较少，要求作者有扎实的线条基本功，同时对描绘对象的结构有清晰明确的认识和理解。这种方法画面整体、干净，透视准确，通过有意识地组织体块的线条疏密关系控制画面的韵律和节奏（图4-3-2、图4-3-3）。

图4-3-2，以线条的形式表达体块（油性麦克笔，2010.4）

图4-3-3，以线条的形式表现建筑场景（水性麦克笔，2010.1）

方法二：以线条结合面的形式表达体块。这种表现方法往往是指在钢笔线稿的基础上，用麦克笔的笔触对形体的主要结构线和转折面加以强调和塑造。所表现的物体形体清晰完整，结构关系明确。这种方法既能概括物体的结构关系，又能适当深入刻画，是麦克笔建筑画中最为常用的体块表现形式（图4-3-4、图4-3-5）。

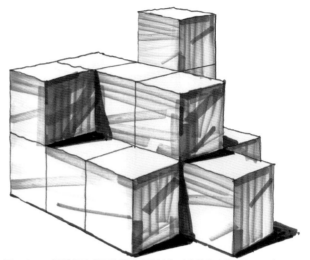

图4-3-4，以线条结合面的形式表达体块（水性麦克笔，2010.4）

图4-3-5，以线条结合面的形式表现建筑（油性麦克笔，2008.3）

方法三：完全以面的形式表达体块。麦克笔的笔触本身具有丰富的表现力，各种浓淡不一、粗细不同的笔触经过组织、混合，可以直接表现体块的明暗、转折关系，塑造体积感。这样的表现形式深入而富有变化，表现力极强（图4-3-6、图4-3-7）。

图4-3-6，以面的形式表达体块（油性麦克笔，2010.4）

图4-3-7，以面的形式表现建筑，能充分地表现对象的质感、光感、色感，具有较强的表现力，逼真而艺术地再现了客观对象（水性麦克笔，2002.11）

4. 材质的表现

　　质感是指材料的一系列外部特征给人的感受，材料是物体的外表皮，其特征包括色泽、肌理、表面工艺处理等。质感对区分物体的材质起到直接的作用。因其表面组织结构的差异性而使得吸收和反射光线的能力也各不相同，会显现出不同的明暗色泽、线面纹理等，这些在画面中需通过对质感的刻画加以体现（图4-4-1）。

图4-4-1，泥墙质感的表现（水性麦克笔，2003.4）

图4-4-2，石头墙质感的表现（水性麦克笔，2003.1）

建筑中的任何物体和空间都是由一定的材料构成的，无论是光滑还是粗糙、柔软还是坚硬，它们的存在及相互间的搭配组合都会让建筑呈现出不同的视觉效果，所以，麦克笔建筑画中对于材料及质感的表现也是画面塑造的重要环节（图4-4-2）。

正确地表达出空间内的各部分材料及质感，是麦克笔建筑画的基本要求，也是使画面呈现真实感的重要途径（图4-4-3）。

图4-4-3，木纹质感的表现（水性麦克笔、彩色铅笔，2008.1）

【技巧指要】

质感的表现关键在于对材料表面的光反射的描绘。各种材料表面对光线的反射能力强弱不一，需针对材料的特点来对质感加以表现。常用的材料有石材、木材、金属、玻璃、塑料、织布、皮革等。不同的材料形成不同的表面肌理，给人造成不同的心理感受。

玻璃、金属对光线的反射能力较强，会形成一定的镜面效果并容易产生高光，在刻画时需注意表现出较为明显的反射效果。表现玻璃和金属的材质，一般可采用麦克笔的干画法，用笔有力、肯定，色彩明度对比明显，表现其冰冷、生硬、反光强烈的质感（图4-4-4、图4-4-5）。

砖、织物和壁纸一类材质对光线的反射能力很弱，表现中无需刻意强调反光和明暗反差。抓准了材料在受光时表现出的不同特性，质感刻画的问题也就迎刃而解了（图4-4-6、图4-4-7）。

木材和石材可先以麦克笔色铺底，再用彩铅辅助表现其纹理，也可将彩铅与麦克笔交叉使用，以削弱彩铅过重的痕迹（图4-4-8、图4-4-9）。

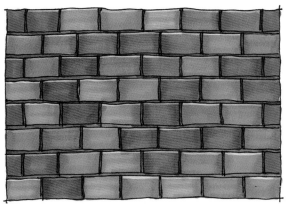

图4-4-6，砖墙的质感

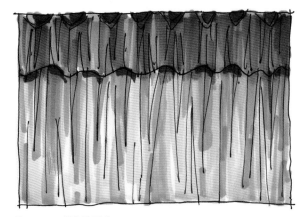

图4-4-7，织物的质感

图4-4-4，玻璃的质感

图4-4-8，木材的质感

图4-4-5，金属的质感

图4-4-9，石材的质感

5. 单体塑造

单体作为构成画面的重要形态元素、关系元素，不仅自身要具备美感，还要和全局节奏的舒缓、跳跃相协调。在练习时，除了要关注具体的画法，还要注意造型的美学规律。单体造型的形式美感和协调的比例是重点，其次可根据不同风格，如现代风格、田园风格、古典风格等，选择合适的技法表现（图4-5-1）。

植物、人物、车辆、家具等单体是构成建筑、景观、室内等麦克笔设计表现图的主要组成部分，其在画面中可以显示出主体建筑及空间的尺度、消除主体建筑的孤立感，亦能反映出主体建筑与周边环境的关系，以暗示建筑物所在位置。同时，这些单体还能起到平衡画面构图、丰富画面内容，营造画面气氛的作用。

单体练习要求深入地研究或刻画造型元素，将造型形态、色彩搭配、明暗对比、节奏关系处理到极致，虽然内容不多，但力求到位。

单体练习时，要尽可能多地掌握同一单体的多种表现手法，以达到应用的目的。因此在练习中要熟悉、了解各种表现技法的规律，有效组织笔触和色彩，逐步掌握丰富的形式技巧。

在单体的练习中，可以分三阶段进行练习，首先可以从单色(素描)的塑造开始练习，其次是多色（色彩）的塑造练习，最后是限色（概括）的塑造练习。

图4-5-1，学习建筑画，可以从单件物体来着手练习，以掌握正确的造型和透视规律，而所表现的形式亦可以多种多样（水性麦克笔，2006.5）

单色（素描）练习：单色是指采用同一色系（常选用灰色）不同明度的变化来进行表现，通过单色表现物体的素描关系，表达出体量感和进深感，训练物体的塑造能力。绘制时可分三个步骤：首先是区分明暗大关系及转折面，其次是加强各明暗层次的区分，最后是细节的（质感、纹理等）刻画和画面的调整（图4-5-2、图4-5-3）。

多色（色彩）练习：多色是指利用多种颜色进行搭配、组合，通过娴熟的表现技法来塑造形体及空间，以达到画面色调的和谐统一，给人以视觉美感。物体在光源色及环境色的影响下，表面所呈现在的颜色一般显得较为丰富，往往由固有色、环境色、光源色组成。在单体多色的练习中，通常只有少许颜色近似于物体的固有色，需要通过亮面、高光、阴面和投影的表达，给人以真实感（图4-5-4）。

图4-5-2，单色练习之一（水性麦克笔，2007.2）

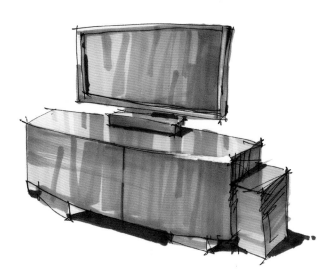

图4-5-3，单色练习之二（酒精麦克笔，2008.10）

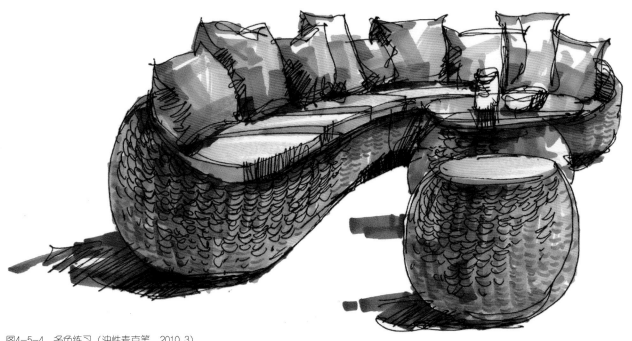

图4-5-4，多色练习（油性麦克笔，2010.3）

限色（概括）练习：限色是指利用限定的几种颜色去描绘对象、表现画面，它要求用高度概括的手法，精确而简练地表达意图（图4-5-5）。

在塑造单体的时候，可以采用多种方法进行表现，如：干画法、湿画法、干湿结合法、减色法、提速法等。

干画法：麦克笔色因其易干的特性，最适宜采用干画法。运用干画法给物体着色时，待第一笔颜色完全干透后，再上第二笔或第二种颜色，进行叠加和衔接。干画法的画面显得笔触硬朗富有张力，色彩重叠层次分明，物体显得坚实且具体量感（图4-5-6）。

湿画法：麦克笔色与水彩色相近，具有透明感，但麦克笔色易干，往往第二笔还没落笔时，第一笔即已干透，使笔触间难以融合。所以，一般麦克笔常以干画法为多。只有充分了解麦克笔的色彩性能，并选用特殊的纸张，通过加快用笔的速度，待前一笔未干时，后一笔迅速续上，并要做多次反复涂刷，才能达到笔触和色彩之间的融合，完成"湿"的画法。或者上色时可先用自制的清水笔、酒精笔或用棉签蘸取清水、酒精，将画面打湿，乘其未干时，进行上色。湿画法的画面笔触相对模糊，色彩相互间的衔接自然，具有水彩般的"透润感"。湿画法多用于水性麦克笔在水彩纸（选择纹理细腻的反面为宜）或铅画纸上的表现，以及酒精、油性麦克笔在硫酸纸上的表现（图4-5-7）。

干湿结合法：着色时根据物体的结构及主次关系，可以采用干湿结合的方法。形体结构含糊、圆滑或物体的次要部位，可采用湿画法；形体结构明确、肯定或物体的主要部分，可采用干画法。干湿结合的画法，将使画面显得更加生动、含蓄，易于表现画面的灵动效果（图4-5-8）。

图4-5-5，限色练习（酒精麦克笔，2010.4）

图4-5-6，干画法（酒精麦克笔，2008.5）

图4-5-7，湿画法（水性麦克笔，2003.3）

图4-5-8，干湿结合法（水性麦克笔，2003.3）

减色法：对同一物体着色时，首先，可以通过多种颜色对物体进行描绘。这时画面将显示出色彩丰富、变化微妙、物体形象逼真的效果。然后，可以减少色彩的种类，去除一些较为接近的颜色，再进行描绘。这样，画面将显得色彩明朗、物体形象单纯。再然后，只保留几种接近物体固有色的颜色，再进行描绘。这时画面将显示出色彩简洁、物体形象概括的效果。同样，也可以反过来使用增色的方法进行训练（图4-5-9）。

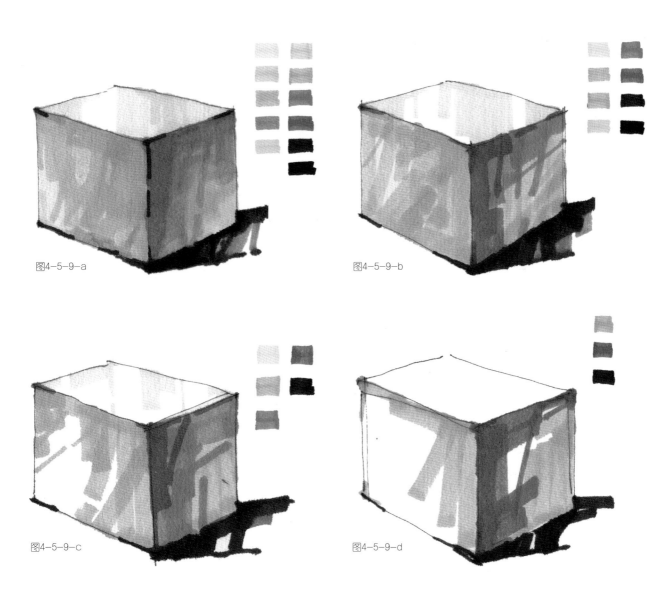

图4-5-9-a

图4-5-9-b

图4-5-9-c

图4-5-9-d

图4-5-9，减色法（水性麦克笔，2003.5）
a图：立方体11种颜色画法；
b图：立方体8种颜色画法；
c图：立方体5种颜色画法；
d图：立方体3种颜色画法

提速法：对同一物体着色时，可采用缩短完成时间的方法进行练习。首先，以数种颜色在一定的时间内完成物体的着色。然后，在颜色种类不变的情况下，缩短完成的时间。以此方法，强迫自己在每次的练习中都一定程度上提高速度，从而达到对物体进行最快速度的表现，这样也发挥了麦克笔画速度快的特点（图4-5-10）。

图4-5-10-a

图4-5-10-b

图4-5-10-c

图4-5-10-d

图4-5-10，提速法。通过减色法和提速法的训练，为以后利用麦克笔进行快速表现打下基础（水性麦克笔，2003.5）
a图：20分钟画法；
b图：15分钟画法；
c图：10分钟画法；
d图：5分钟画法

画好每一件单独的物体，并进行有机地组合，将有助于表现麦克笔建筑画。所以，单体练习便成了学习麦克笔画不可缺少的一个环节。麦克笔建筑画中，常见的有以下单体。

（1）家具

家具的造型特征是决定建筑内部空间设计风格的主要元素之一，在室内空间中最为常见。表现家具时，首先要了解家具的造型特点、材料等。比如画面涉及洛可可风格的家具，就应当对洛可可风格和家具的基本结构均有所了解。只有知晓其中的结构特点，才能结合线条、笔触清晰准确地表现物体，才能抓住特征，做到概括生动地表现（图4-5-11）。

图4-5-11，家具。无论画单件或成组的物体，都要注意选择对象和组织构图，选择时，应注意选择造型优美且结构、色彩、质地纹理具有特色的对象，绘制时，应注意光影的变化和材料质感的表现（左图：水性麦克笔，2003.3；上图、下图：酒精麦克笔、彩色铅笔，2008.12）

第四章 │ 麦克笔建筑画的基础训练

【技巧指要】

方法一：表现家具时，最主要的是刻画其体积感，而体积感的塑造需要将家具的几个主要的界面明确地区分开，这样才能使家具呈现出立体感。因此，牢牢抓住明暗交界线进行块面的塑造是最为有效的方法，在此基础上再进行深入塑造就变得较为容易了（图4-5-12）。

图4-5-12，家具（水性麦克笔，2003.3）

方法二：有时为了增强家具的体积感，需加强亮面和暗面的交界线。根据家具的不同材质，采取不同的笔法。如：用粗直线（笔触）描绘沙发等软质物体的明暗交界线，用粗弧线（笔触）描绘沙发靠垫等圆弧型物体的明暗交界线，用短细线（笔触）描绘（在结构线两端略作描绘即可）木制桌椅等硬质物体的明暗交界线（图4-5-13）。

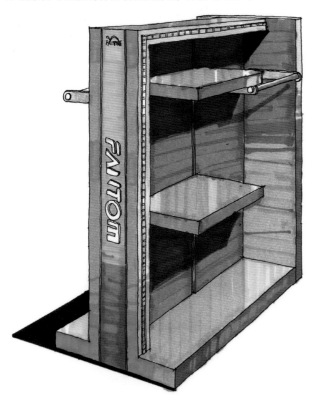

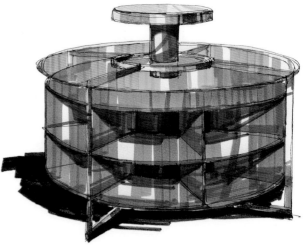

图4-5-13，展柜（水性麦克笔，2005.6）

（2）植物

建筑画中，离开了植物的配景，建筑也就索然无味了。植物可加强建筑物与大自然的联系，也可柔化视觉上过"硬"、过"冷"的建筑物。植物的形态各异，要表现其特点、个性及形态特征，必须通过长期的观察和写生，获得画植物的最基本的感性知识（图4-5-14）。

图4-5-14，植物。表现单件物体时，可通过不同的方法获得不同的艺术效果（酒精麦克笔、水性麦克笔，2010.3）

图4-5-15-a, 步骤一　　　　图4-5-15-b, 步骤二　　　　图4-5-15-c, 步骤三

图4-5-15-d, 步骤四　　　　图4-5-15-e, 步骤五　　　　图4-5-15-f, 步骤六

　　植物作为建筑配景的一部分, 应充分考
虑其与建筑主要部分的搭配关系, 如烘托、
遮挡, 以及在画面中作为近景、中景和远景
的不同处理方式。

　　植物包括常绿或落叶的乔木、灌木、水
生植物等不同类别。植物有其独特的生长姿
态, 外轮廓的基本形体是比较丰富多姿和灵
活的, 要避免流于呆板粗陋 (图4-5-15、图
4-5-16)。

图4-5-15, 植物单体画法步骤图
(油性麦克笔, 2010.3)

图4-5-15-g, 步骤七

图4-5-16-a，步骤一　　　　　　　图4-5-16-b，步骤二　　　　　　　图4-5-16-c，步骤三

图4-5-16-d，步骤四

图4-5-16，树木画法步骤图。树木的特征，是通过树的外形，即树干、树枝、树叶的具体形态来表现的，练习画树，最好先从一棵树及一个局部开始，而后再作一组树或场景的描绘（酒精麦克笔，2010.3）

图4-5-16-e，步骤五

乔木：乔木的特征是由其外形、树干、树枝、树叶的具体形态来体现的。乔木是建筑画最常见的配景之一，能给画面带来生气，能弥补构图上的一些不足。一般的乔木生长无规律，很少呈几何形体，因此外形多姿，且有不规则的特点。但是在描绘时一定要进行概括，以求画面的整体性。作为建筑画配景的一部分，无需特别强调树种的形态特征。通常采用一般的品种和常规的表现手法即可（图4-5-17）。

【技巧指要】

建筑画的乔木可分为远、中、近三个层次。根据不同的层次，可以采用不同的表现方法（图4-5-18）。

图4-5-17，乔木（酒精麦克笔，2010.3）

图4-5-18，植物组合（酒精麦克笔，2010.3）

方法一：远景植物勾勒出其形状后可采用单色平涂法。

方法二：中景植物应根据其生长规律进行上色与用笔，可用三种左右的颜色表现树冠的明暗关系。要注意树枝和树冠的穿插关系，要注意留出树的通透处，带有可看过去的孔洞，否则会将树木画成实心的。

方法三：近景树木常设置在画面的某个角落，可用轻松的风格来表现，描绘时适当画些单片的树叶和树枝的结构。色彩常选用较为单一的深色，以表现树的逆光效果，增强画面的纵深感。有时也可画一些投射到地面上的树影，树影能起到平衡画面构图的作用，还能反映地面的状况（图4-5-19）。

图4-5-19，近景树木（酒精麦克笔，2010.3）

灌木：作为配景，也常被运用于建筑画中，尤其多用于景观表现图。花草是复杂的自然形态，根据其生长规律进行概括表达，并赋予某种次序，要做到乱中有序，繁中求简（图4-5-20）。

【技巧指要】

灌木的表现要注意组团和区块，否则容易导致描绘的琐碎，近处的灌木要有一定的细节特征（图4-5-21）。

图4-5-20，灌木（酒精麦克笔，2010.3）

图4-5-21，近景灌木（酒精麦克笔，2010.3）

（3）人物

　　人物在建筑画中能增进画面的生活气息，烘托场景气氛，暗示建筑的尺度，再现场景的真实，使人产生身临其境之感。远近大小不同的人物组合还能增强画面空间感，不同的人物适当配置还可使画面生趣盎然（图4-5-22～4-5-24）。

图4-5-22，人物。人物的点缀，为画面增添了生气，使人仿佛置身于场景之中，同时也能为画面构图起到平衡的作用（酒精麦克笔，2010.4）

【技巧指要】

方法一：建筑画中的人物比例往往比真人略显修长些，带有一定的装饰性（图4-5-25）。动态则以行走的人居多，向心（视觉中心）的人物在画面中可起到凝聚视线的作用。群组的人物要注意高矮、男女、数量上的搭配，做到疏密结合，生动活泼

方法二：人物作为配景，可以是概念化的画法，刻画时应画得简略概括，近景的人物甚至可以只画剪影（图4-5-26）。

图4-5-23，人物组合（油性麦克笔，2010.5）

图4-5-24，单独人物（油性麦克笔，2010.5）

图4-5-25，比例往往比真人略显修长（酒精麦克笔，2008.3）

图4-5-26，概念化人物（油性麦克笔，2008.3）

（4）交通工具

　　麦克笔建筑画中的交通工具主要包括小轿车、公共汽车、轮船、飞机，其中又以小轿车最为常见。在绘制城市建筑设计的表现图中，小轿车已成为常见的配景。小轿车多用于烘托场景氛围，并辅助表现场景的空间关系（小轿车常分布在画面的近景、中景或远景，有助于空间的表达）。准确的透视关系和严谨的结构比例是绘制的关键（图4-5-27）。

　　行驶的小轿车能使画面产生动静对比，而驶向主体建筑物方向的小轿车，能引导画面的视觉中心。

图4-5-27，交通工具。车辆在画面中能增添加场景的气氛，形成动静对比，体现时代气息，同时也能丰富色彩对比，调整构图（酒精麦克笔，2010.4）

【技巧指要】

方法一：画汽车要研究汽车的结构，再以简洁的色彩、强劲有力的笔触表现出汽车的金属质感（图4-5-28）。

方法二：汽车在画面中不宜过多，否则会分散视线。也不要过分描绘汽车的细部与色彩，以免分散画面的注意力。在画近处的汽车时，也可表现出其内部的构造，画出坐席及方向盘的轮廓线等，或者只画出汽车的轮廓形状。为了与画面的表现风格保持一致，应练习对汽车做不同方法的描绘（图4-5-29）。

图4-5-28，小轿车（酒精麦克笔，2010.3）

图4-5-29，大卡车（酒精麦克笔，2010.4）

（5）石头的表现

石材种类繁多，在场景中的应用也情况不一。传统园林中的湖石，应具备"瘦"、"透"、"漏"、"皱"的形态特点（图4-5-30、图4-5-31）；作为驳岸或起点景作用的景石注重整体搭配，或成组搭配，或单独放置，体态自然；景观设计中人工造型的石材则硬朗粗犷，造型多变。因此，需要配合不同的画法加以表现才显生动（图4-5-32）。

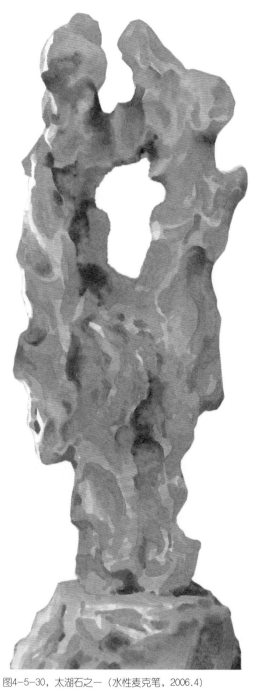

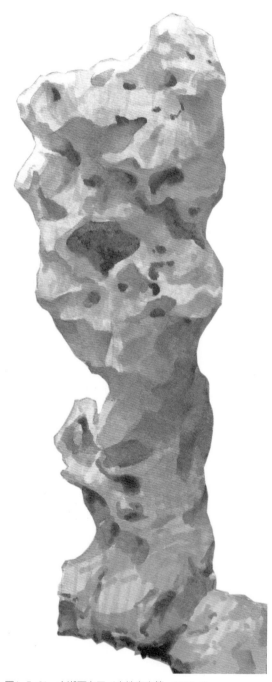

图4-5-30，太湖石之一（水性麦克笔，2006.4）　　　　图4-5-31，太湖石之二（水性麦克笔，2006.4）

图4-5-32-a，步骤一

图4-5-32-b，步骤二

图4-5-32-c，步骤三

图4-5-32-d，步骤四

图4-5-32，石头画法步骤图
（酒精麦克笔，2010.3）

图4-5-33-e，步骤五

【技巧指要】

　　石头的表现应注意棱角的变化，不应将每一个边角都画得很生硬，也不应将边角画得过于圆滑，两者结合是比较理想的处理方法（图4-5-33、图4-5-34）。

图4-5-33，礁石（水性麦克笔，2005.1）

图4-5-34，石头的组合（酒精麦克笔，2010.3）

（6）天空的表现

　　天空在建筑画中占据了大量的面积。用麦克笔描绘天空时，难以采用写实的手法表现天空，往往以概括的形式寥寥几笔暗示天空，或用满铺的平涂方法描绘天空。也可以采用水彩、彩铅、色粉笔等辅助材料完成天空的描绘。另外，在天空面积较少的画面中，也可以省去对天空的描绘，有意留出纸的底色。

【技巧指要】

　　方法一：天空的作用还可以衬托建筑物。描绘时，在建筑物周边局部着色。建筑物亮时，天空要暗一些，反之亦然（图4-5-35）。

　　方法二：天空在人们的心目中总是以蓝色出现。但有时也可根据画面色调的需要，将天空涂成红色、灰色、甚至是黑色（图4-5-36）。

图4-5-35，以天空衬托建筑（水性麦克笔，2001.9）

图4-5-36，暖色天空（水性麦克笔，2005.9）

（7）水景的表现

水景可分为动、静两种，动景如各类不同高度的喷泉、水幕、叠水；静景则以平静的湖面为常见（图4-5-37、图4-5-38）。作为一种无形且透明的配景，描绘水景主要依赖塑成其形的周边景物，例如石头和水岸边的植物与水的衔接表现。

【技巧指要】

留白、透底是画水景的主要技巧，黑白关系巧妙衬托出流水丰富的形态（图4-5-39）。

图4-5-37，静态水景（酒精麦克笔、彩色铅笔，2010.3）

图4-5-38，动态水景（酒精麦克笔，2010.3）

图4-5-39，动态水景（局部）（水性麦克笔，2008.2）

6. 局部训练

学习建筑画的过程也是由简到繁、从局部到整体空间的一个过程。除了积累各种独立的造型元素的画法之外，掌握好画面中物体和物体之间的关系也尤为重要。空间局部训练是一种处理画面关系的能力训练，也是衔接独立个体塑造与画面整体关系处理两个阶段不可或缺的环节。处理好物体和物体之间的相互关系，就不难表现整体的空间效果（图4-6-1、图4-6-2）。

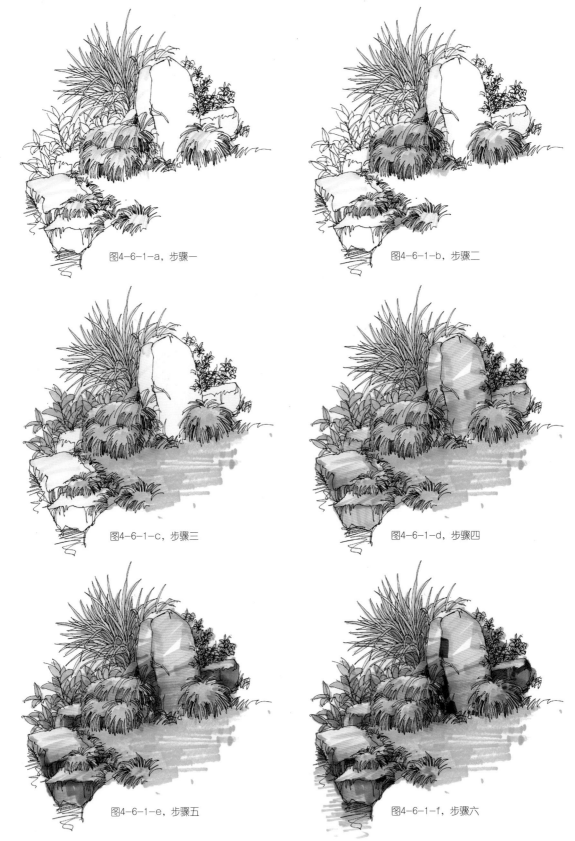

图4-6-1-a，步骤一

图4-6-1-b，步骤二

图4-6-1-c，步骤三

图4-6-1-d，步骤四

图4-6-1-e，步骤五

图4-6-1-f，步骤六

图4-6-1-g，步骤七

图4-6-1，景观小品步骤图之一。由简入繁，从局部到整体是学习建筑画的
一个过程，练习时，可以先从室内的某一组家具或某一角落、建筑的某一构
件或某一局部以及景观的某一小品开始，然后再到室内、景观和完整的建筑
（酒精麦克笔、油性麦克笔，2010.4）

图4-6-2，景观小品步骤图之二
（酒精麦克笔，2010.4）

【技巧指要】

　　方法一：处理物体和物体之间的关系，实质上就是利用物体彼此之间的黑白关系、色彩关系相互影响、相互衬托，突显物体间的空间层次。利用丰富、细腻的笔触和色彩拉开物体间的空间关系，丰富场景中物体的空间层次，"虚"而不空洞，"实"而不呆板。

　　方法二：参考其他图片的色彩进行着色，使画面溶入更多的主观色彩。以默写的形式进行着色，培养自己处理画面的能力（图4-6-3、图4-6-4）。

图4-6-3，景观小品之一（酒精麦克笔、油性麦克笔，2010.3）

图4-6-4，景观小品之二（酒精麦克笔，2010.4）

图4-7-1，建筑写生作品之十（酒精麦克笔，2008.5）

7. 临摹练习

初学者在学习了色彩的混合、叠加、笔法的排列以及单体、局部训练之后，要进入到绘制完整空间的阶段。完整的空间是由数个（组）单体有机组合而成。因麦克笔的特殊性能，刚开始会使初学者无从着手，所以有必要对优秀的麦克笔作品和图片进行临摹，从中得到启发。

（1）临摹优秀作品

临摹是学习麦克笔建筑画必不可少的一步，是一个重要手段和过程。可将临摹优秀的麦克笔建筑画作为一种有效的辅助手段，来帮助自己更快地提高表现水平。临摹也是熟悉并认识麦克笔建筑画构成语言的一条捷径。时常研读并临摹他人优秀作品，可以从优秀范本中对麦克笔的表现方式获得最为直观的感受，领会处理画面的要点和方法，例如笔触的组合方式、色彩的搭配方式等。通过对作品的临摹，逐步体会原作者处理画面各个部位、不同物体的表现手法和线条、笔触的组织特点，体会、总结别人的麦克笔表现的用笔、用色的规律，逐步积累起经验，为以后独立表现做准备，将这些技法做到为我所用（图4-7-1）。

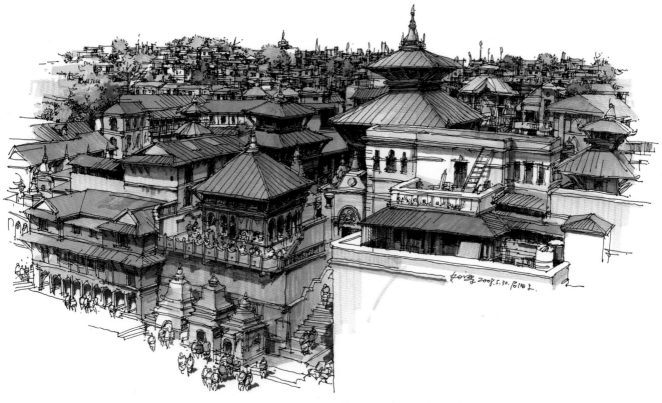

图4-7-2，建筑写生作品之十一（酒精麦克笔，2008.5）

【技巧指要】

方法一：临摹时首先要有独特的眼光选择合适的临本，这是极其重要的。在临摹过程中，要注意的是，不能盲目地为了临摹而临摹。切不能"照葫芦画瓢"，不然会导致画面形似而神不似，使人看了别扭、做作，与原作相比较，画面往往缺乏力量，没有主次之分，线条显得轻浮、散乱，不扎实。要进行分析，比较全面、细致、深入地解读临本的用笔方法、用色规律以及画面内容。要注意对作品进行分析总结，接纳有价值易掌握的用笔、用色及处理画面的技巧等，最后研究成图的规律。这样，一方面加深记忆，另一方面也是培养对形体的深刻理解能力，以及对整体尺度的把握能力（图4-7-2）。

方法二：临摹时应当要关注线条、笔触的衔接和运用。将肯定、干净、流畅的线条、笔触扎实地落实于画面。关注线条、笔触在表现不同物体时的差异性，例如大面积用宽笔触、小面积用小笔触、线条和笔触之间的搭配组合、笔触的间断排列和连续排列等（图4-7-3）。

图4-7-3，建筑设计表现图之六。忠实于设计是建筑画的最大特点之一，在正确理解设计意图之后，考虑怎样以最佳的方式表现设计的长处，让设计生动起来（水性麦克笔，2003.1）

方法三：临摹时，需要做到耐心、细致，才能完成好作品。刚开始切忌从局部开始描摹，急于求成。从局部描摹容易出现画得"过"、"碎"等弊病，缺乏画面的整体控制力。因此，在临摹练习中应当仔细揣摩每一笔在画面中起到的作用，细心体会用笔、用色的要点，以认真画好每一笔为目标（图4-7-4）。

方法四：临摹的过程中要随时关注画面所包含的各种构成要素，这样有利于更好地理解笔触、色彩、明暗等之间的构成关系。例如明暗对比强烈、色彩鲜艳的部分，很可能是画面中突显的重点部分（图4-7-5）。

图4-7-4，室内设计表现图之二（水性麦克笔，2003.3）

图4-7-5，建筑写生作品之十二（水性麦克笔，2008.3）

方法五：临摹练习必须在理解的基础上进行。需要带着对原作者画面整体意识的揣摩和对建筑结构关系的理解画好每一笔，做到每笔都"物尽其用"，最大限度地发挥其在画面中的作用（图4-7-6）。

方法六：临摹时，应选择包涵各种表现技法的作品为临本，尽可能全面地涵盖麦克笔建筑画中可能出现的元素形态（图4-7-7）。

图4-7-6，室内设计表现图之三。根据不同的空间及功能，先确定好色调，并根据物体表面的纹理，使用不同的用笔方法，丰富画面（水性麦克笔，2004.4）

图4-7-7，建筑写生作品之十三（水性麦克笔，2008.7）

图4-7-8，室内表现图之四。根据图片资料进行练习和创作是一种可行的方法，这样不仅可以较从容地考虑画面的构图、明暗布局等问题，而且对于创作中选择线条、笔触、表现方法等都有很多帮助（水性麦克笔，2001.11）

（2）参考图片训练

根据实景照片绘制麦克笔建筑画是练习的重要阶段。从摄影图片中我们可以看到色彩变化微妙的形体、结构严谨的真实画面。但实景照片中看不到笔触的排列方式，看不到画面的繁简处理，这就需要通过认真地分析照片内各元素的结构关系、前后关系、明暗关系、色彩关系、光影关系等，再运用麦克笔合理地去塑造画面。通过对照片内各元素的归纳和提炼，将摄影图片转变为麦克笔作品。在该过程中需要大量地临绘适合的照片，在不断的练习过程中体会用笔用色的技法和画面处理的规律，并逐步培养起专业的观察分析能力和对麦克笔的驾驭能力（图4-7-8）。

时常临摹一些图片，还可以养成收集书刊、报纸、照片等精美图片的习惯。这样既能为以后的设计、创作存储大量的形象信息，又能打开绘画表现的思路，训练手脑有机配合的表现能力，以此打好坚实、牢固的绘图表现基础（图4-7-9、图4-7-10）。

图4-7-9
选择合适的图片

图4-7-10
根据图片所绘制的室内表现图
（水性麦克笔，2003.3）

【技巧指要】

方法一：选择合适的图片。从构图节奏、虚实关系、疏密关系、材质肌理、风格流派等多方面综合考虑选择图片，内容应适合麦克笔表现，涉及多样造型元素。画面不能平淡空洞，而应主次分明，适宜深入刻画（一般宜选择透视关系强烈，且具有张力的建筑图片，其中主题建筑体量完整，层次丰富，并具有翔实的细部。材质应多样，容易使画面具有生动的表现力。图面中可适当配有植物，以与硬朗主体建筑形成对比，同时借此协调画面）。落笔前一般先宏观地审视图片，思考物体与物体之间的关系以及采用何种手法达到理想的画面效果是重中之重。切忌急急上手，盲目下笔，不进行全盘布局。然后可用签字笔拷贝其形体，根据画面的色彩，找出相关的颜色并排列成行，思考并设计笔触的排列和组合。落笔时要肯定、大胆，保证画面的整体性，却又不失局部的变化。

方法二：转换角度、更换透视方法、借鉴色彩。仔细观察并总结空间形体结构及物体的摆放规律，根据空间特点，更换能更好表现该空间的视角和透视方法，改变其构图后再进行上色（图4-7-11）。

上色时亦可选择其他图片的色彩来做参考，让画面渗入更多的主观意识，使作品具有一定的创新性。

图4-7-11-a

图4-7-11-b

图4-7-11-c

图4-7-11-d

图4-7-11，转换角度、更换透视（油性麦克笔、彩色铅笔，2010.4）

a图：照片中的建筑角度适中，体积感较强，但略显孤立；

b图：根据照片场景的视角，适当调整和添加配景，使所描绘的画面较为完整；

c图：改变角度，将照片中的两点透视转变成一点透视，获得不同的视觉效果；

d图：改变视点，将照片中的平视转变成仰视，获得不同的视觉效果

方法三：替换元素、模仿画风。在根据照片进行临绘的过程中，尝试对画面的某些部分加以适当地改造，做一些主观性较强的创作，例如改变某些照片内元素的造型或色彩，增添或减少元素等，以使画面的内容更加合理。该过程练习需要发挥主观能动性，对原始摹本进行二次创作。这种练习也能够培养作画者的借鉴创作能力（图4-7-12）。

图4-7-12，替换元素、仿制画风（水性麦克笔，2008.8）

上色时，可以模仿借鉴适合自己学习风格的优秀作品。总结他人作品的特点、表现技巧，从中借鉴并运用到自己的画面上。虽然带有明显的被动接纳的成分，但通过最初的"模仿"、"借鉴"，最终可自创出独特风格。这是学习手绘表现必不可少的环节。

方法四：主观处理画面。麦克笔建筑画不同于摄影作品，不能简单地记录、效仿场景。在绘制过程中，需要创作主体依据绘画的形式美法则，结合个体对图片的认识和理解，主观地强调或忽略某些部分，处理画面的主次关系、虚实关系、明暗关系等（图4-7-13）。

图4-7-13-a

图4-7-13-b

图4-7-13，主观处理画面（油性麦克笔、彩色铅笔，2010.3）
a图：真实照片；
b图：根据照片场景客观描绘，左右两边的树木刻画过于深入，削弱了主体，分散了视线，导致画面主次不分明；
c图：在形体大小不变的情况下，刻画时，有意弱化左右两边的树木，强化主体，使得画面主次分明，主体突出

图4-7-13-c

8.户外写生

写生是结合现场进行户外实地描绘的练习手段，是麦克笔建筑画练习过程中十分重要的环节。它是从临摹、模仿用笔、用色到独立组织、应用笔触、色彩的实质转变。在前期训练的基础之上，通过写生总结笔触、色彩的心得体会，以画面作为传递作画者对于特定场所理解和认识的媒介，成为一种无声却极富感染力的语言，最终能形成具有独特个人魅力、风格鲜明的表现手段（图4-8-1）。

通过写生，不但可以搜集素材，积累形象符号，练就画者丰富的空间想象能力、组织画面的能力、观察力和敏锐感受的能力、形象记忆和概括表现的能力、提高创作思维能力和分析能力，培养绘画语言的表达能力，以及对画面整体效果的把握和处理能力，还可以表达作者对生活的理解和感受，使今后的艺术创作更贴近于真实。另外，从写生中获取处理画面的能力和经验，能够使设计表现图的场景表现更合理，画面更具艺术性，风格更具独创性。从而在建筑画创作过程中，能自由运用各种表现技法来恰当地表达建筑设计意念和创作思想。所以说，麦克笔建筑写生是培养麦克笔表现能力和审美能力不可缺少的一种手段，也是将建筑设计表现图提升到艺术层面最有效的训练过程与方法（图4-8-2、图4-8-3）。

图4-8-1，建筑写生作品之十四（水性麦克笔，2008.7）

图4-8-2，古民居中常以灰色为主调，红灯笼的点缀为画面增添了生气，为了使红色能溶入画面之中，需用冷灰色进行覆盖，以减弱其纯度（酒精麦克笔，2008.8）

图4-8-3，建筑写生作品之十五（水性麦克笔，2008.3）

建筑写生的内容包含较多，有建筑造型、结构、空间、材质、光影、环境等诸多方面。经过观察、分析，再提炼、概括在脑海中，表达在纸面上。写生时，要注重表现建筑的形式美、结构美、材料美以及建筑与环境的依从关系，从而培养严谨的造型能力，扎实的写实功底和对物体的塑造能力，以及对建筑的认识和理解能力。通过写生积累更多的经验，将大大有助于今后的建筑画创作。写生时，还应遵循一定的程序和方法（图4-8-4）。

（1）观察

写生的过程是一个观察的过程，通过观察能识别建筑形体及形体中各种复杂微妙的变化，同时也能训练眼睛对色彩敏锐的反应能力。观察是建筑写生不可缺少的步骤。面对建筑物不要随意认定一个角度就急于写生，而是要从建筑物不同角度以及同一角度的不同距离进行反复观察、比较，体会建筑物外部形体和内在神韵的变化，使画者对建筑物有个深刻的认识（图4-8-5）。

除角度之外，同一场景，如果采用俯视、仰视、平视等不同的视点，也可以收到不同的视觉效果。因此，写生时要选择最能体现建筑形态特征的视角，待选定后，再进一步进行观察研究。

观察形体：建筑形体由建筑的轮廓线、细部结构、材料质地等构成。建筑形体是反映建筑性格特征的重要因素，也是构成画面的主要内容。建筑写生一般以某一建筑或建筑群体为依据。观察时，要先从整体出发。对形体的整体观察是造型艺术必须遵循的基本规律；然后注意形体的节奏变化，形成节奏变化的内容可以是色彩、明度，也可以是形体轮廓线等；再深入到局部的细节。想要充分地表现建筑，只有通过仔细地观察形体，充分地理解建筑。然后选择合适的表现手法来体现建筑外观线条和体块特征，有力地反映建筑景观的精华所在，使建筑的重点部分作为构图的视觉中心予以展示（图4-8-6）。

图4-8-4，建筑写生作品之十六（水性麦克笔，2008.12）

图4-8-5，写生时，应从不同角度观察，反复比较，研究构图，确定正确的比例和透视角度，选定最合适的表现方法，再动笔（水性麦克笔，2008.5）

图4-8-6，观察形体（水性麦克笔、彩色笔、彩色铅笔，2009.2）

【技巧指要】

方法一：仔细地观察周边建筑，感受建筑形体特征，寻找能够引起兴趣与共鸣的地方。这是写生的基本前提，只有饱含作者真情实感的作品才是能够打动人的优秀作品（图4-8-7）。

方法二：写生时，首先要对选定的建筑物做不同方位、不同距离的观察，研究构图，确定光线的角度与强度，再用签字笔或铅笔勾画出透视线稿。上色前，可用小稿做简单的色彩配备（图4-8-8）。

方法三：把观察、分析、感受，作为写生表现时的前提，只有细致地观察对象、分析对象、认识对象，理解事物的本质，才能深刻地表达对象（图4-8-9）。

图4-8-7，建筑写生作品之十七。用麦克笔表现建筑，有时需要强调建筑物的明暗对比关系，使建筑的轮廓清晰，易于理解（水性麦克笔，2004.8）

图4-8-8，建筑写生作品之十八（水性麦克笔，2004.8）

图4-8-9，建筑写生作品之十九。写生时，选择不同的建筑和角度，进行训练。通过大量的案例，才能掌握麦克笔的特殊性能，为创作麦克笔画打下基础（水性麦克笔，2004.8）

观察光影：建筑之美，与光影有很大的关系，建筑若要显得生动也离不开光影。写生是一个研究光、色等自然现象的过程。光影和色彩的基本格调形成了画面的视觉影响或感受。缺少写生练习，思想容易被固化，形成定势思维，所表现的光色关系均是概念中的一种模式，经不起检验。只有在写生中观察、总结，正确认识光影和色彩关系的紧密性、相互协调性以及和谐一致性，才能在后续的建筑画创作中有所参考，画面的光影才能表现得更为真实自然（图4-8-10）。

建筑在阳光的照射下，有明显的轮廓线，清晰的界面，丰富的空间效果，受光面与阴影交错，产生节奏感。建筑本身有着自身的固有色，但是如果光照角度和光线强弱等因素不同，反映在建筑上的光色效果不同。建筑写生时，强调光影效果是增强建筑体量感和画面层次感的最有效的方法。但要注意的是，画面中不能出现不一致的光影效果，要善于把握住并运用光影，使画面产生统一感。因此，要观察光影，积极探究自然光色关系，理解和掌握光影变化的普遍规律（图4-8-11）。

图4-8-10，建筑写生作品之二十。一幅表现力很强的麦克笔画，形象准确、用笔娴熟，突出了质感和光感的描绘（水性麦克笔，2008.2）

图4-8-11，建筑写生作品之二十一。物体在阳光的照射下，分受光面和背光面，受光面因受光条件的不同而有最亮和次亮之分，而背光面也会因反光的作用而有最暗与次暗之分。把握住明暗变化的这种规律，才能充分地表现画面中建筑形象的转折与空间关系（水性麦克笔，2008.2）

第四章 麦克笔建筑画的基础训练

【技巧指要】

方法一： 写生时要注意抓住某一瞬间的光影特点，以免在变幻的光影中，画面的光照产生多源、矛盾的视觉效果（图4-8-12）。

方法二： 增强光影变化，可以增强画面的空间感。而增强某一局部的光影变化，还可以使画面中的建筑或建筑中的某一局部更加生动精致，使视觉中心得到强化（图4-8-13）。

图4-8-12，建筑写生作品之二十二（水性麦克笔，2002.8）

图4-8-13，建筑写生作品之二十三。建筑的局部光照，以周围暗中间明的构图，使画面的中心部位取得极为强烈的光照效果，刻画出深远的空间感（水性麦克笔，2007.11）

方法三：阳光可分为朝阳、正阳和夕阳。朝阳下的建筑物明暗对比相对柔和，受光面暖，背光面稍冷。夕阳下的建筑物明暗对比稍强，受光面暖，背光面偏暖，局部作冷色处理。阴天的主体建筑明暗关系平淡。写生时，可根据建筑物的主次面提亮主立面，加深次立面，以强调建筑物的体量感（图4-8-14）。

方法四：仔细观察同一空间在不同主光源的照射下，室内各界面及物体所产生的阴影变化。阴影的位置及强度绘制得不同，反应着光源的方位及强弱，也决定着物体的体量感与物体间的空间关系（图4-8-15）。

图4-8-14，建筑写生作品之二十四（水性麦克笔，2002.10）

图4-8-15，建筑写生作品是二十五。室内写生时，采用明暗对比的手法，加强空间感（水性麦克笔，2003.2）

方法五：表现室内光影时，要表现空间的各界面及物体在灯光照射下的光亮程度。光线能辨明物像的形状，产生明暗对比，与其他物体分离，并使画面光彩照人。灯光的强弱变化和色彩变化，调节着室内空间的气氛（图4-8-16）。

方法六：阴影的色彩一般宜用暖灰色或深褐色，少用黑色和冷色。阴影一般比物体暗部还要暗，有时也可以根据画面或物体自身的需要，把阴影画得比物体暗部亮（图4-8-17）。

图4-8-16，建筑写生作品之二十六（水性麦克笔，2002.8）

图4-8-17，建筑写生作品之二十七（水性麦克笔，2003.4）

（2）取景

观察的首要目的在于取景，初学者往往选定角度之后，坐下来提笔就画，没有深究取景之道。如何取景？取什么景？都是取景环节应当关注的问题。简单来说可以从画面的构图、重点、角度、平衡等方面综合考虑。要从复杂的自然环境中努力选择那些使视觉上令人愉快而且形式上具有吸引力的元素。

【技巧指要】

方法一：取景时，可通过取景框观察远、中、近景的层次关系，取景框可以是手势取景、自制纸板取景框或是借助数码照相机的取景屏幕。然后分析一下哪里是视觉中心，哪里是需要淡化的，以及各个景物在画面中所占的位置和比例关系（图4-8-18）。

图4-8-18，建筑写生作品之二十八。取景时，可通过手势、自制纸板取景框或是数码照相机的取景屏幕等进行取景（酒精麦克笔，2008.5）

方法二：取景时，要选取建筑主体或建筑中占有重要的位置的某一局部，作为画面主体。主体与环境的安排要分清主次和层次，通常以主体及其周边的环境或近、中、远景来组成画面的空间层次，它们在画面中占有的位置、形状、大小就是画面分割的要素（图4-8-19）。

图4-8-19，建筑写生作品之二十九（酒精麦克笔，2008.5）

（3）构图安排

写生构图时首先要对整个画面有一个统筹的思考和安排，养成意在笔先的习惯。初学者可先用铅笔起稿，把握画面的大致尺度，也可以先用小图勾勒的方式来推敲构图，以便在写生过程中更加容易地驾驭整个画面。写生中，构图经常是一个全过程的经营，不到最后一笔，很难说完成，只有将构图的艺术与表现手法完美结合，才能够创造出艺术性较强的写生作品（图4-8-20）。

构图时非常强调透视比例的准确性，透视在建筑写生中对表现画面的空间层次、物体的前后关系和立体感等极其重要（图4-8-21）。

图4-8-20，建筑写生作品之三十（水性麦克笔，2008.2）

图4-8-21，建筑写生作品之三十一（水性麦克笔，2008.2）

图4-8-22，突出主体（水性麦克笔，2008.2）

【技巧指要】

构图时要遵循以下原则，形成既有对比又有统一的视觉平衡。

方法一：景物在画面中的位置安排要能充分体现建筑的主题和中心（图4-8-22）。

方法二：要表现所画建筑与环境的协调关系，表达出画面的意境（图4-8-23）。

方法三：要按照构图法则和审美规律进行。构图时，还要注意画面图形（正形）和留白处（负形）的面积对比。正形过大，给人一种拥挤与局促的视觉印象，使人感到压抑；而过小又会给人一种空旷与稀疏的视觉印象，使人感到索然无味（图4-8-24）。

图4-8-23，表现建筑与环境的协调关系（水性麦克笔，2003.1）

图4-8-24，注意正负形关系（水性麦克笔，2002.3）

（4）表现方法

麦克笔写生常见的表现方法有慢写和速写，可视建筑景物的复杂程度及计划的时间来选择。慢写可以锻炼画者深入地观察和细致地刻画对象，而速写可以培养画者敏锐的观察力和概括的表现力。不同的表现手法，形成不同的绘画艺术特点。写生时，尽可能尝试多种表现方法，丰富画面的处理技巧，增强表现力（图4-8-25）。

【技巧指要】

方法一：应结合场景的形态特征和内在规律，恰如其分地运用不同线条、笔触的组合灵活表现。刻画既可以寥寥几笔，简练概括，也可以深入细腻，浓郁厚重；可以大刀阔斧地粗放勾勒，可以以线条为主清晰表述，也可以将自己擅长的独特手法应用于画面中（图4-8-26～图4-8-28）。

图4-8-25，建筑写生作品之三十二。麦克笔的表现力是极强的，只要坚持实践，就能找出适合各种画面的表达方式（水性麦克笔，2007.11）

图4-8-26，粗旷简洁的画法。建筑写生时，可注重对形体的快速勾勒，透视的准确表达，色彩的概括表现，以培养初学者敏锐的观察力（水性麦克笔，2008.2）

图4-8-27，概括简练的画法（水性麦克笔，2003.8）

图4-8-28，深入细腻的画法（水性麦克笔，2003.4）

方法二： 作图步骤从大轮廓入手逐步深入，根据画面的整体关系决定细节深入的程度。也可从画面中心或主体画起，以搭建大的结构关系为首要目标，遵循准确的透视关系来勾勒建筑的大体轮廓（图4-8-29）。

图4-8-29-a，从局部（主体）开始画起，再逐步向周边展开

图4-8-29-b，完成稿（水性麦克笔，2010.4）

方法三：多手段、多层次地表现对象，画面统一而富有变化，注重笔触的流畅与节奏感。同时要注意色彩搭配的协调性，以及建筑结构关系的准确性与合理性（图4-8-30）。

　　方法四：主体建筑除了透视要求准确，结构要求明确之外，还应注意建筑的明暗关系，色彩变化（图4-8-31）。

图4-8-30，建筑写生作品之三十三（水性麦克笔，2003.4）

图4-8-31，建筑写生作品之三十四（水性麦克笔，2003.1）

方法五：配景的表现一般不需要太突出。主体建筑的表现风格，决定着配景的表现形式（图4-8-32）。

（5）画面处理

自然界的物体纷乱繁杂，写生不等于照相，不是盲目地毫无思想地照抄物象。如果只是"真实"地反映景象，画面不但会显得杂乱无章、无主题、无层次，也谈不上艺术地再现景物。处理画面时，常采用概括、提炼、选择、对比等多种手法，保留那些最重要、最突出和最有表现力的对象并加以强调。而对于那些次要的、变化甚微的细节进行概括、归纳、简化层次、形成对比。这样才能够把较复杂的自然形体有条不紊地表现出来，画面也才会避免机械呆板、不分主次，从而获得富有韵律感、节奏感的形式，有力地表现建筑的造型特征（图4-8-33）。

图4-8-32，建筑写生作品之三十五（水性麦克笔，2001.10）

图4-8-33，建筑写生作品之三十六。民居建筑画可用灰色系列来处理画面，容易取得协调的效果，体现民居的古朴沧桑感，但在色相上要尽量扩大距离，防止画面过于单调（水性麦克笔，2003.2）

a．概括取舍

写生的过程是对建筑景物进行选择、概括和提炼的过程。客观景物纷繁复杂，甚至是零乱琐碎的。写生不能简单地再现事物，面对物象不能太多受所表现的对象的限制。不要过于"客观真实"地描绘景物，将所看到的景物不加处理地照搬照抄，而是要以一种主动的创造性思维来表达对象，否则很容易导致画面杂乱无章。因此，写生时，我们必须对面前的景物进行整体的观察分析，然而再进行梳理。将观察到的事物经过选择、思考、整理，然后进行组织安排，舍弃与主体无关或有碍的细节、配景，使画面的主体更加突出，主题更加明确（图4-8-34）。

概括取舍的能力，也体现出一个人的艺术修养，而这种能力和修养往往是在长期的写生训练中所形成的（图4-8-35、图4-8-36）。

图4-8-34，建筑写生作品之三十七（水性麦克笔，2003.2）

图4-8-35，建筑写生作品之三十八（水性麦克笔，2003.2）

图4-8-36，建筑写生作品之三十九（水性麦克笔，2003.2）

取舍包括两方面的练习，即取与舍。通常我们面对的场景在构图上不能尽善尽美，需要在创作的过程中加以调整。若场景空洞，则需要借合适的配景入画，以求丰富空间，营造气氛；若场景过于琐碎，则应当舍弃不协调之物，使画面主题突出（图4-8-37）。

图4-8-37-a

图4-8-37-c

图4-8-37-d

图4-8-37-b

图4-8-37-e

图4-8-37，概括取舍的处理手法（油性麦克笔、彩色铅笔，2010.3）

a图：真实场景；

b图：根据a图客观描绘，画面并不完美；

c图：根据a图内容，选择合适的场景资料；

d图：将a图、c图电脑合成后所显示的效果；

e图：根据d图的内容，采用取舍的处理手法，主观组合画面，使所描绘的画面构图饱满、内容丰富，空间关系合理得当，画面完整

【技巧指要】

　　方法一： 处理画面时要摆脱那种被动地描摹对象的状态，应做到以客观对象为主题，有选择、有取舍的描绘景物，舍弃和削减次要部分，提炼和强化主体使主题明确（图4-8-38）。

　　方法二： 对构图不利或无关的物体可适当移动位置或减弱删除，对构图有利的配景也可根据画者主观意愿而添加。有取有舍，才能有主次地组织画面（图4-8-39）。

图4-8-38，建筑写生作品之四十。阳光的照射，使物体产生阴影。阴影能使物体间分离，产生立体感。只有准确处理投影的形状，才能正确表现物体本身的形状（水性麦克笔，2002.10）

图4-8-39，建筑写生作品之四十一（水性麦克笔，2002.10）

方法三：处理画面时也可根据需要，适当改变某些物体的形象或位置，以主观的感受和美的法则来经营画面（图4-8-40）。

方法四：处理画面时可以根据画面需要，主观臆造与实际不相符的某些色彩，力求物象形体和色彩之间的和谐。可以不写实或不完全写实，对物象的形体和色彩进行概括、强调，使之具有象征性的、理想的形体和色彩，虽然不完全是真实的场景，但往往更能反映物象本质（图4-8-41）。

图4-8-40，建筑写生作品之四十二（水性麦克笔，2002.11）

图4-8-41，建筑写生作品之四十三（水性麦克笔，2002.11）

b. 对比强调

任何一种造型艺术都讲究对比的艺术效果，对比是绘画中常常采用的一种处理手法，它可以增强作品的表现力。画面中如缺少对比则会显得平淡，而对比无度则又显得杂乱（图4-8-42）。

对比可使画面的空间产生主次、虚实、远近的变化，从而使画面显得生动而富有变化，使画面的主题明确。因此在处理画面的时候，要掌握一些有效的对比手法，使画面相互影响，相互衬托，强调变化，突出重点，点明主题。对比手法的运用，既要自然，又要合理，不必强求。强求的对比效果常常会使画面显得虚假而不真实。一幅画面可以有一种对比手法，也可以有多种对比手法共存。

虚实对比：是处理画面主次及空间关系的最有效方法。画面的虚实对比可以是由物体刻画深入程度不同形成的对比，也可以由光影浓淡、色彩冷暖等手法去获取对比的艺术效果（图4-8-43）。

图4-8-42，对比强调的处理手法（酒精麦克笔、水性麦克笔，2008.2）

图4-8-43，虚实对比的处理手法。处理画面时，常深入刻画某一细节，与画面其他部位形成对比，来构成画面的趣味中心（水性麦克笔，2009.2）

【技巧指要】

方法一：处理画面时，将画面的主要建筑物或前景部分进行深入刻画，予以强调，而将次要部分、配景或远景进行概括、简化处理，使画面中的主要物体实，次要物体虚，或是近处实，远处虚，从而突出了主题，分清了空间层次（图4-8-44）。

图4-8-44，建筑写生作品之四十四（水性麦克笔，2010.1）

方法二：主体建筑或主要部分的明暗对比强烈，配景或次要部分的明暗对比弱化，产生强和弱的视觉反差，形成虚实对比，凸现视觉中心（图4-8-45）。

　　方法三：主体建筑或主要部分的色相对比明显，配景或次要部分的色相对比平和，产生对比和节奏感，形成视觉焦点（图4-8-46）。

图4-8-45，建筑写生作品之四十五（水性麦克笔，2010.1）

图4-8-46，建筑写生作品之四十六（水性麦克笔，2009.7）

图4-8-47，面积对比的处理手法（水性麦克笔，2002.9）

面积对比：是指不同物体在同一画面中所占的面积大小的对比。主体和陪衬部分不可以出现一比一的对等局面，否则主体就会被消解。因而主体与次要部分在画面中所占的面积应形成大小不同的比例关系，这样不但丰富了画面的构图，而且也强化了主题（图4-8-47）。

【技巧指要】

主体是画面中的视觉中心，其面积在画面中应占有一定的比例，而次要部分则只是陪衬与从属，所占面积相对较小（图4-8-48）。

图4-8-48，建筑写生作品之四十七。对建筑场景写生时，不仅要求主体建筑突出，而且需要表现出环境的氛围（水性麦克笔，2010.1）

图4-8-49，疏密对比的处理手法。写生不是眼前信息的客观写照，而是主观地对其形、色彩、明暗进行组合、概括、提炼（酒精麦克笔，2008.3）

疏密对比： 是指将画面中的物体形象或物体的明度和色彩等要素，处理成部分集中和部分分散，在视觉上会产生紧张与轻松、凝聚和孤独的对立关系。疏密程度不同，可达到张弛有度、富有节奏感的视觉效果（图4-8-49）。

【技巧指要】

画面中应做到疏密相间，层次分明，形象突出。物体的组织安排要有章法，做到宾主有序（图4-8-50）。

图4-8-50，建筑写生作品之四十八。即兴的写生要求在短时间内对所处的场景进行高度概括的表现（酒精麦克笔，2008.3）

明度对比：是指画面明暗强弱的对比，明度对比是增强空间效果最有效的方法。明度的对比易产生强烈、明确的空间视觉效果和丰富的节奏感。明度对比使同一建筑的不同形体分离，不同建筑的轮廓线更加清晰。明度对比可强化主体，产生画面的视觉中心（图4-8-51）。

【技巧指要】

写生过程中，在光照效果不明显的情况下，画面易表现得平淡、死板，导致"灰"、"粉"的效果。这时，可以通过明度的对比方法，有意强调某一方向界面的明暗关系，以增强建筑的体量感和空间层次感（图4-8-52）。

图4-8-51，明度对比的处理手法（水性麦克笔，2002.10）

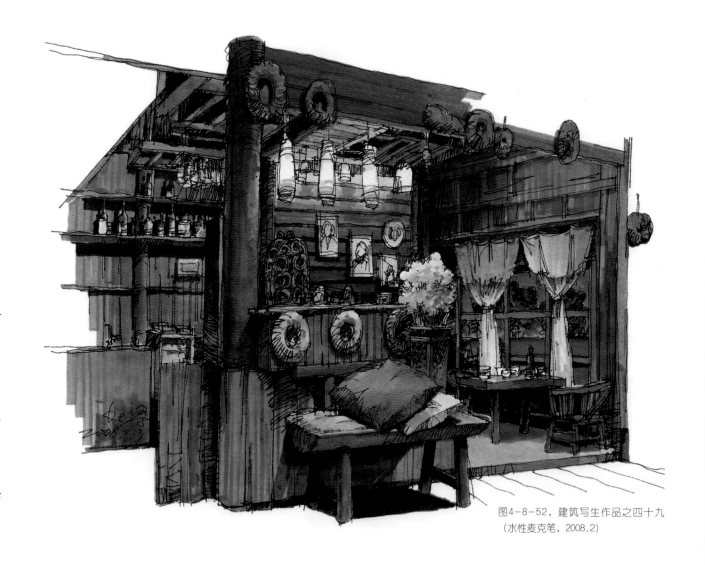

图4-8-52，建筑写生作品之四十九（水性麦克笔，2008.2）

色彩对比：写生最关键的便是画面的色彩处理。一幅成功的麦克笔建筑写生作品，画面色彩既是统一协调的，又是富有变化的。自然界是一个整体，各物体的颜色应该相互联系，彼此影响。因此，写生中，在观察景物的颜色时，要整体地观察所有被画物的颜色，而不可孤立地看某一物体，否则将难以把握画面色彩的协调性（图4-8-53）。

【技巧指要】

方法一：同一画面，不同色彩所占的面积相等，会导致主调不明确，因此需要强调某一主体色的面积，以达到画面统一的色调（图4-8-54）。

方法二：画面中如果各色纯度太高，容易使画面产生"艳"、"花"、"乱"的感觉。所以，在色彩对比中宜以同色系为主色调，或降低对比色的纯度，从而使画面获得统一的色调（图4-8-55）。

图4-8-53，色彩对比的处理手法（水性麦克笔，2001.10）

图4-8-54，建筑写生作品之五十。了解和掌握一些明暗构图的方法，可以在建筑画的写生或创作中更好地表现画面的主题和气氛（水性麦克笔，2002.3）

图4-8-55，建筑写生作品之五十一
（水性麦克笔，2002.9）

（6）写生步骤

写生过程中，除了要注意程序和方法之外，还要注意作图步骤。其步骤大致可以分为以下五个阶段。（图4-8-56、图4-8-57）

图4-8-56-a，建筑写生详细步骤图

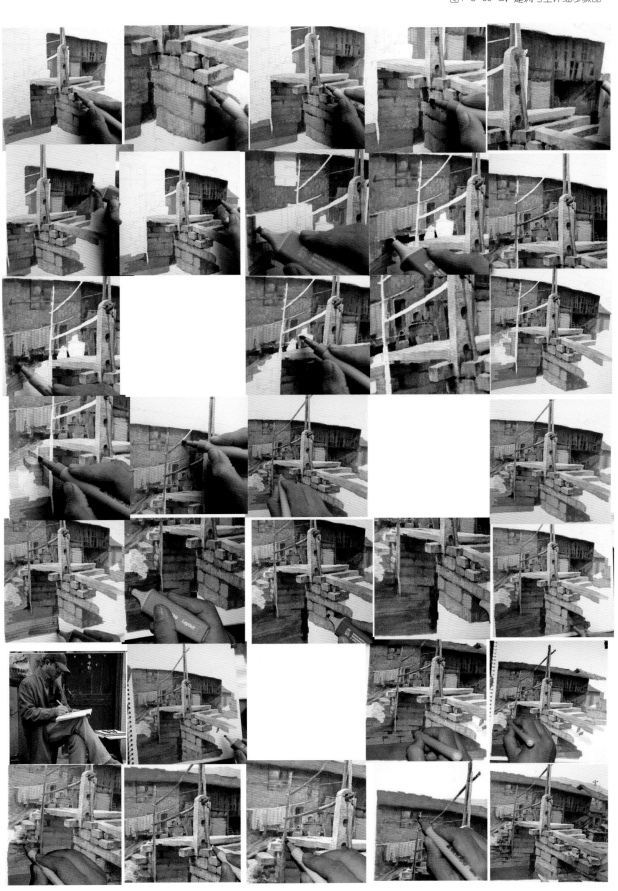

图4-8-56-b，建筑写生作品之五十二（水性麦克笔，2006.12）

图4-8-57-a，步骤一

图4-8-57-b，步骤二

图4-8-57-c，步骤三

图4-8-57-d，步骤四

图4-8-57-e，步骤五

图4-8-57，建筑写生作品之五十三（酒精麦克笔、油性麦克笔，2010.4）

a. 第一阶段：描绘线稿

线稿是麦克笔上色的前提和基础，以线描的手法为主。线描可以是以钢笔、彩色笔、彩铅、铅笔为工具，也可以是以麦克笔（采用麦克笔细笔头）为工具。在线描稿的基础上可以先将主要的形体转折面适当加以区分，线稿要求视点选择合理、透视准确、空间尺度得当、配景比例合适及位置安排合理、明暗关系区分简洁明了（图4-8-58）。

【技巧指要】

画面中的线条（除彩铅、铅笔工具外）都须做到肯定有力，能在一定程度表达不同物体的表面质感。排线部分应整齐统一而不失变化，能顺应物体的结构而转折和作明暗变化。

b. 第二阶段：区分体块

该阶段需要用麦克笔粗略地描绘出画面中主要部分的明暗关系、色彩关系和光影关系，建立画面的大体的明暗及色彩结构（图4-8-59）。

【技巧指要】

区分界面时，须牢牢抓住画面中主要的明暗交界线，对物体进行概括的刻画。应有整体性。

c. 第三阶段：逐步深入

该阶段的刻画，使画面内容逐渐丰富，明暗对比逐渐拉开，色彩变化有所增强，使画面关系更加清晰，色彩更加丰富，画面层次感增强。该阶段用笔用色数量不宜多，无需追求过多的色彩变化，以固有色的表现为主，尽量做到色彩统一（图4-8-60）。

【技巧指要】

防止将画面中物体的色彩和笔触表现得过于统一，使画面显得单调、乏味，缺少变化。

图4-8-58，建筑写生步骤一，描绘线稿

图4-8-59，建筑写生步骤二，区分体块

图4-8-60，建筑写生步骤三，逐步深入

d. 第四阶段：刻画细节

为场景中的物体添加细节，主要是材质的进一步表现和配景的描绘，要让各种不同的材质能够明确地区分开，并通过丰富画面色彩及添加配景来活跃场景气氛（图4-8-61）。

把握和调整是极其重要的一个阶段。在该阶段中，需要对画面做完整、全面的审视，调整、弥补画面中的不足之处（图4-8-62）。

【技巧指要】

加强对光影关系的刻画，尤其是暗部层次的增加，使画面的真实感和各部分间的联系不断地增强。

e. 第五阶段：把握整体

整体感是画面处理的终极追求，整体感是衡量艺术作品品质的主要依据。缺乏整体感的建筑画作品，其艺术品质必然不高。一幅画面应该是一个完整的"体块"，画面由多个个体组合而成，是一个不可分割的有机统一体。整体离不开个体，个体不能离开整体而独立存在。整体感还需要有次序感，不管多么复杂的画面，只要遵循次序性，都是能够形成整体的感觉。因此，画面的整体

图4-8-61，建筑写生步骤四，刻画细节

图4-8-62，建筑写生步骤五，把握整体（酒精麦克笔，2010.4）

【技巧指要】

　　方法一：防止将画面中的各个物体表现得面面俱到，同时又缺少物体间的联系性。平均对待是使作品繁琐细碎的主要原因，这将导致画面太"散"、影响整体性。调整时要注意画面的空间关系和主次关系，应尽量做到画面清晰、有序、协调，视觉中心明显，主题突出（图4-8-63）。

　　方法二：是以画面的整体性为出发点，通过削弱、强调、添加等方法，对局部做出修改和整理。在这一过程中，也可选用彩铅等作为辅助工具，作为对麦克笔的补充，以使调整后的画面更加统一和谐。

图4-8-63，建筑写生作品之五十四。麦克笔的表现手法具有很强的个性特征，通过不同色彩的绘制叠加，可以取得丰富的色彩变化（水性麦克笔，2008.7）

第 五 章
麦克笔建筑画的表现风格

THE FIFTH CHAPTER

第五章
麦克笔建筑画的表现风格

　　麦克笔建筑画是作画者通过手中的麦克笔表达对建筑的认识和理解，并转化为具有美感的艺术形象。因此，在作画过程中，要努力探索各种不同的表现手法，不断丰富自己的绘画表达能力，以最有力的手法表达建筑的本质特征（图5-1）。

　　麦克笔建筑画根据不同的画面处理手法和表现形式，大致可分为快速（写意）手法、概括手法、写实手法等不同表现类型。但各种表现手法并没有严格、明显的区分界限。不同的表现手法，在各自的领域中都扮演着重要的角色，它们的绘画规律及画面所追求的艺术性都是一致的。

图5-1，建筑设计表现图之七（酒精麦克笔，2007.7）

1.快速表现风格

　　快速表现手法是麦克笔表现中最常见、最适合表现的一种表现方式，也是最能发挥出麦克笔表现魅力的画法之一。快速表现手法讲求随心所欲的即兴创作，小品式的审美情趣，舍弃精雕细刻的完整性，显示速写式的随意性。画面一般只强调大体的形和对比关系而不求完满，仅为示意而已，多用于表达设计意念、构思推敲、修改方案与搜集材料。这种表现方法也是设计师与客户进行直接交流，表达自己思路，传达设计意念的最好方法，掌握的好利于

交流，取得客户的信任，获得客户对方案的共识（图5-1-1）。

　　快速表现手法讲究画面表现的便捷性和概括性，对画面中的主要元素、主要转折面、主要明暗交界线等关键性部位进行塑造，其他部分做次要处理。这样不仅缩短了表现的时间，也为画面增添了生动感和灵活性，在满足室内气氛渲染的同时兼顾空间感的把握，主次分明，重点突出（图5-1-2）。

图5-1-1，室内表现设计图之五。快速表现虽然不注重画面的细节刻画，但能以高度概括的手法，表达设计师的设计意图（水性麦克笔，2003.3）

图5-1-2，建筑设计表现图之八（水性麦克笔，2003.2）

快速表现手法以其简洁、快速、迅捷深受创作者和业主的欢迎，同时也是设计师在前期构思中记录思维轨迹的最好方式，常用于设计的构思阶段和方案的推敲阶段（图5-1-3）。

快速表现也需要依据绘画中素描、色彩、透视、构图等基本知识和原理，一幅成功手绘快速表现图的基本要素有良好的立意构思、准确的形体透视、合理的构图布局、娴熟的表现技巧等，它是一种具有意象性的专业绘画形式（图5-1-4）。

快速表现手法一方面要求运用麦克笔快速记录建筑实景的能力，另一方面是培养在建筑设计或环境艺术设计中运用麦克笔快速表达的能力。简言之，就是要培养记载和表达双重能力。设计师能够以娴熟的绘画技巧绘制设计表现图，可以借此帮助设计思维清晰、完善，自由表达设计思想。因此，作为设计草图的麦克笔建筑画成为设计过程的阶段成果。其表现方式多样，手法自由，画面也往往比较大气，一般不过分描绘细节（图5-1-5）。

掌握麦克笔快速表现的技能，不但能大大缩短作图时间、有效地提高作画效率，更能使我们树立起强烈的空间观和形态结构表现意识，使手绘效果图变得富有魅力。因此，麦克笔快速表现练习应作为一项重要的设计表现练习手段而加以提倡，平时应加强麦克笔快速表现技能的训练和培养。

快速表现的画面同样也是一幅完整的绘画作品，符合麦克笔建筑画的形式美法则。

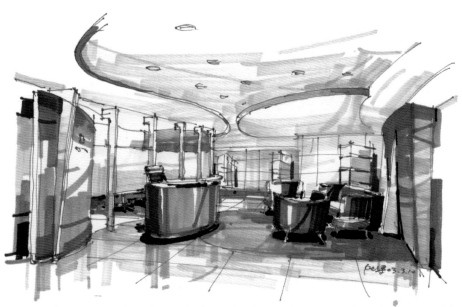

图5-1-3，室内设计表现图之六。快速画法不仅需要掌握熟练的绘制技巧，同时也需要创作的激情，在描绘中做到一气呵成（水性麦克笔，2003.3）

图5-1-4，建筑设计表现图之九。快速画法的画面，讲求小品式的轻松感，舍弃精雕细刻的完整性，显示速写式的随意性（水性麦克笔，2003.3）

图5-1-5，建筑设计表现图之十。以高度概括的手法处理，画面上虽没有严谨的结构线，但只需加重阴暗面或投影，便能增强建筑物的立体感（水性麦克笔，2003.2）

（1）表达设计构思

建筑、室内设计的构思若只是存在于设计师的大脑之中，那人们将无法明确地感受到他所要传达的设计意图，也无法与设计师进行有效的交流或是对设计作品的优劣做出评判。设计表现图就是设计师表达创意和思路的一种图形化语言、直观性载体，它将原本抽象的设计概念用具体的、可观的形式表达在纸面上，从而让每位观者从视觉的层面上对作者的设计意图、表现手段、设计风格、空间气氛等进行解读，让观者较为清晰地了解设计师之所想及其

所传达的空间效果。借助快速麦克笔表现图，设计师的创作思维变为图形展现出来，也能为更多人所阅读、理解和接受（图5-1-6）。

【技巧指要】

在绘制这种表现图时，常以徒手的表现形式，笔触的起落与轻重快慢虽可自由发挥，但要遵循绘画的基本原则。往往以寥寥几笔勾勒出建筑的大体轮廓，体现作品的神韵（图5-1-7）。

图5-1-6，室内设计表现图之七。快速表现用于表达设计构思（水性麦克笔，2003.2）

图5-1-7，建筑设计表现图之十一。轻松的用笔，大胆的取舍，不完整的物体表现，却能让人感觉画面的完整性（水性麦克笔，2003.2）

（2）推敲设计方案

　　建筑、室内设计是一个反复修改和不断调整的动态过程，而方案的每一次深化和完善都需要以阶段性的表现图作为依据。因此快速表现带有工作草图的性质，是设计师阶段性思考的成果展示，有助于对其存在的问题或欠缺做出判断或评价，为下一步的方案改进提供参考依据（图5-1-8、图5-1-9）。

【技巧指要】

　　无需细致地刻画出丰富的层次感，但图纸可带有一定的说明性，帮助设计师达到解释说明目的。

图5-1-8，建筑设计表现图之十二。用笔的简练、豪放、传神，形成画面疏与密、严谨与残缺的对比，同时主与次的不同处理也丰富了画面（酒精麦克笔，2007.7）

图5-1-9，建筑设计表现图之十三。快速表现用以推敲设计方案
（酒精麦克笔，2007.7）

（3）收集素材

以收集素材为目的的建筑速写与设计快速画法一样，是麦克笔建筑画多种表现方式中不可缺少的一种。速写的过程是快速记录我们所见到或感受到的生动形象的过程，因而比较感性。这种画法的整体感相对容易把握，是练习麦克笔建筑画的常用手段。其绘画速度较快，表现偏重感性，富于表现力。画面大多线条概括洗练，大胆奔放，具有强烈的个人风格（图5-1-10）。

【技巧指要】

速写用线条快速勾勒建筑的形体，线条随性自由，色彩简单概括，重视透视比例的大关系，往往忽略局部细节（图5-1-11、图5-1-12）。

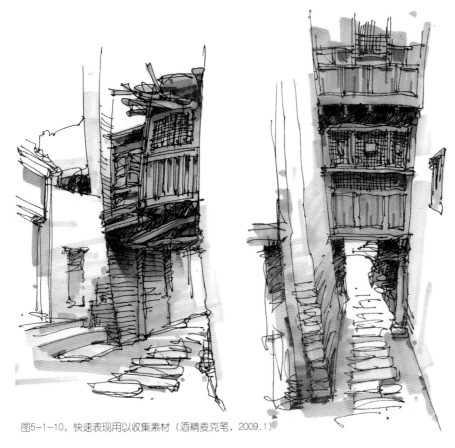

图5-1-10，快速表现用以收集素材（酒精麦克笔，2009.1）

图5-1-11，室内设计表现图之八（水性麦克笔，2002.9）

图5-1-12，建筑设计表现图之十四（酒精麦克笔，2006.8）

图5-2-1，建筑写生作品之五十五
（水性麦克笔，2002.10）

2. 概括表现风格

与以快速记录设计构思、风景建筑等为目的的快速表现技法不同，概括性麦克笔建筑画作为建筑设计的另一种表现方式，刻画较为深入详尽，结构严谨，空间清晰。

概括即把事物的共同特点归结在一起。概括性建筑画追求画面形式的简洁，故应适当舍去庞杂纷繁的色彩关系，减少物体的色彩层次，主要部位稍做刻画，次要部位则用少许的色彩来概括。着色时，为了限定并协调色彩的选择，可重复使用同一色，使画面色彩更加调和（图5-2-1）。

概括画法侧重表现建筑的体量感和空间感，以线条、笔触的排列和色彩的搭配表现建筑的立体空间关系。线条、笔触的排列统一而紧凑，依靠扎实而多变的线条、笔触组合形成清晰明了的素描关系、色彩关系，画面体块明确，效果厚重。该方法所表现的画面显得完整、深入，体量感强，具有一定的真实感（图5-2-2）。

图5-2-2，建筑写生作品之五十六（水性麦克笔，2002.10）

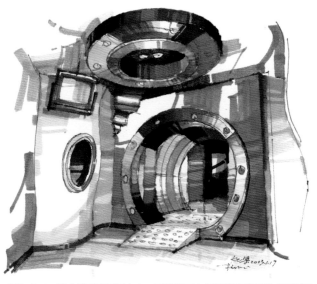

图5-2-3，室内设计表现图之九。麦克笔画中的用笔排列是形成风格特征的一个重要因素，与其他工具（或材料）绘制的建筑画相比，其用笔明显具有秩序感，程式化强（水性麦克笔，2003.1）

【技巧指要】

　　方法一： 概括性建筑画对所表现的对象的色彩作高度的概括，画面边缘作大规模的裁剪，从而在画面四周均留有不同程度的空白区域。这时，画面上便明显地形成了一个大轮廓线，经过有意识地推敲，即可增强外轮廓的节奏感。（图5-2-3～图5-2-5）

图5-2-4，室内设计表现图之十（水性麦克笔，2003.1）

图5-2-5，室内设计表现图之十一（水性麦克笔，2003.5）

方法二：概括性建筑画的色彩及笔触的运用要表达实际内容，强调的主题要明确，也可把重点放在能够表达设计意图的关键部位（图5-2-6～图5-2-13）。

图5-2-6，景观设计表现图之一（水性麦克笔，2003.3）

图5-2-7，景观设计表现图之二（水性麦克笔，2003.3）

图5-2-8，景观设计表现图之三（水性麦克笔，2003.3）

图5-2-9，景观设计表现图之四（水性麦克笔，2003.3）

图5-2-10，景观设计表现图之五（水性麦克笔，2003.3）

图5-2-11，景观设计表现图之六（水性麦克笔，2003.10）

图5-2-12，景观设计表现图之七（水性麦克笔，2003.10）

图5-2-13，室内设计表现图之十二（酒精麦克笔，2008.3）

方法三：概括性建筑画不仅仅是对所表现的主体景物的高度精剪、概括，也是对衬景等非主体景物的适当概括，要抓住整个画面的精髓，对画面进行处理、完善，以线勾勒，力图以简练的笔触描绘出主体画面的光影、色调，笔触宜简洁、豪放（图5-2-14、图5-2-15）。

图5-2-14，室内设计表现图之十三（水性麦克笔，2003.5）

图5-2-15，室内设计表现图之十四（水性麦克笔，2003.5）

3. 写实表现风格

写实性建筑画，顾名思义，是以形象逼真的方法来表现建筑。写实性建筑画是对建筑及室内外场景的真实描绘，画面除了追求艺术性之外，也讲究表现的科学性和严谨性，尤其是对细部的刻画要做到详尽细致、一丝不苟，要能够有效地将所要表达的内容真实而丰富的表现出来。对观者而言也能通俗易懂，使人仿佛置身于中（图5-3-1）。

写实性建筑画在画面的明暗关系、构图的完整性、色彩的丰富性上，比以上两种建筑画的表现方法更具体、更到位。在画面的笔触铺排上也就相应地要求更柔和，更具表现力（图5-3-2）。

图5-3-1，建筑绘画作品之二（水性麦克笔，2007.10）

图5-3-2，建筑绘画作品之三。麦克笔色虽易干，不宜衔接，却具有较强的表现力，只要熟知麦克笔色及纸张的吸水性能，便可以画出色彩变化微妙、笔触衔接自然的建筑画（水性麦克笔，2008.1）

因麦克笔工具的特殊性，对绘制写实性的建筑画要求比较高，所以需要深入了解麦克笔的特性、熟练掌握麦克笔的性能，并具有厚实的绘画基础，才能完成写实性建筑画（图5-3-3）。

【技巧指要】

方法一：绘制写实性建筑画的步骤，不一定要遵循一般绘画的先整体后局部，再由局部回到整体的顺序。根据个人习惯，也可以按照从局部开始到整体，再由整体到局部，最后再由局部回到整体的顺序进行。不过，绘制过程中虽然是从局部入手，但是头脑中始终要有整体的意识（图5-3-4）。

图5-3-3，室内设计表现图之十五。一幅写实的建筑画，离不开每一个细节部位的深入刻画，局部的色彩、光线的微妙变化，都直接影响画面的整体效果（水性麦克笔，2003.1）

图5-3-4，室内设计表现图之十六（水性麦克笔，2003.1）

方法二：处理画面时，不一定要追求物体的颜色画得多艳多准，也不一定要将画面中的每个物体刻画得都很细致，而是要考虑画面空间的明暗层次、色调的统一变化、主次的虚实对比等，进行主观的处理。这样画出来的东西才会是完整的、统一的。内容、形式、风格、意境的完美统一是手绘表现图的追求目标（图5-3-5、图5-3-6）。

图5-3-5，景观表现图之八。一幅比较完整细致的建筑画，应注意色彩明暗的细微变化，空间层次的表现以及笔法的运用（水性麦克笔、彩色铅笔，2004.9）

图5-3-6，景观设计表现图之九（水性麦克笔、彩色铅笔，2004.9）

方法三：在绘制的过程中要注意主体（趣味中心）和配景（空间其他层次）的对比关系。主体要刻画得更加突出、深入，要有一定的细节和层次。主体不一定是空间的最前面部分，也可以是空间的中间层次。配景的塑造相对简单，色彩相对单一，总体要求概括、简练（图5-3-7、图5-3-8）。

图5-3-7，景观设计表现图之十。景观的表现图中，更侧重于场景的表现和意境的渲染（水性麦克笔、彩色铅笔，2004.9）

图5-3-8，景观设计表现图之十一（水性麦克笔、彩色铅笔，2004.9）

第 六 章
麦克笔建筑画的创作

THE SIXTH CHAPTER

第六章
麦克笔建筑画的创作

社会的发展进步已经进入到多元化的时代，不断地为艺术创作提供独特的、全新的可能性。在麦克笔清晰表述设计思想的基础上，通过设计师及建筑画家的共同努力，不断地吸取绘画艺术的相关元素、语言和表现技巧，来拓展麦克笔表现能力和领域，应该可以逐渐找到并确立麦克笔自身的艺术规律，使之成为一种独立的艺术表现形式（图6-1）。

利用麦克笔进行创作，其专业性很强，决非一朝一夕就能成功，必须要有一个长期的学习和积累的过程。只要肯努力钻研，勤于思考总结，一定能够寻找到麦克笔建筑画创作的规律。抓住规律性特点，才是学习的根本，其效果也将事半功倍（图6-2）。

建筑画作品质量，归根结底还在于眼界的高低和技巧掌握的程度。通过长时间的写生、积累，可练就表现的技法和把握画面的能力，活跃创作思维，提高审美情趣和综合素养。创作方法仅仅是一种手段。只要你细心观察，潜心研究，就会探索出更多更新的表现手段（图6-3）。

图6-1，建筑绘画作品之四。麦克笔色透明而不宜修改，图中的白色绳子及船杆均为预先留出，或借助留白胶也能达到同样效果（水性麦克笔，2003.3）

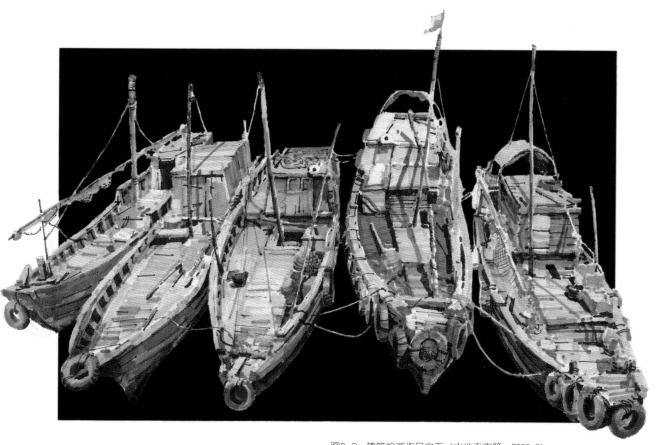

图6-2，建筑绘画作品之五（水性麦克笔，2003.3）

图6-3，建筑绘画作品之六（水性麦克笔，2003.3）

创作是建立在之前各阶段练习基础之上相对较难的综合练习，是一种图像与概念的转换。对创作主体的要求较高，既需要具备娴熟的绘画表现技能，又要对画面场景有较强的空间想象力。

绘制建筑画的目的是将创作者构思中的建筑形象表现在画面上，通过画面使他人能理解作者的创作意图。相对而言，建筑画更多追求的是形似，不像一般绘画讲究神韵和内涵，因此，建筑画带有一定的"匠气"，绘制建筑画也便有了自己的套路（图6-4）。

图6-4，景观设计表现图之十二（水性麦克笔、彩色铅笔，2008.1）

1．资料收集

　　创作需要素材，无论是麦克笔建筑绘画作品还是建筑设计表现图，创作时，都需要备有大量的素材。

　　任何建筑物都极重视与环境的协调关系，不可能离开环境孤立存在。建筑物也是依据特定的环境来设计的，周围的一景一物都与之息息相关。因而不管是在麦克笔建筑绘画还是麦克笔建筑设计表现图中，依附在建筑物周围的配景，成了不可缺少的内容。配景可使画面更加丰富和完整，也反映了建筑与环境的依存关系。因此，在创作建筑画之前，配备一系列的配景资料及相关素材，将有助于建筑画的创作（图6-1-1～图6-1-3）。建筑画的表现形式多种多样，有写实性的、装饰性的或是草图式的。为适合各种不同的表现形式，配景也需多样化。创作时可根据画面风格、构图要求等选择合适的配景。配景的积累可通过多种渠道获得，主要包括以下几种方法。

图6-1-1，植物资料之一（油性麦克笔、酒精麦克笔，2010.3）

图6-1-2，植物资料之二（油性麦克笔，2010.3）

图6-1-3，植物资料之三（油性麦克笔，2010.3）

（1）购买资料集

购买配景资料集是比较便捷的方法，资料集中的内容已被他人提炼和整理，内容丰富而系统，编排上也很有次序。从中可以快速地寻找到合适的图形，是建筑画创作时最常用的配景资料。但是因为资料集或光盘是出版物，其流传范围广，覆盖面大，他人也可能选用同样的图案，从而缺少建筑画配景的个性（图6-1-4）。

【技巧指要】

资料集的来源有两种，一种是整本书就是资料集，这种书非常系统非常实用；另一种是，配景资料仅仅是某本书中的一小部分，这时可以将类似的资料收集复制、装订成册。

图6-1-4，汽车配景资料（酒精麦克笔，2010.4）

（2）描摹图片

对图片进行描摹是件很容易做到的事情，不受时间和地点的限制。图片的来源可是期刊和电脑网络等媒体。刊登的图片往往带有一定的时尚和前卫性，且大部分是在特殊场合或特殊视点下拍摄的，也拓展了在写生中不能得到的非正常的视点和视角，是获得特殊的艺术形象的绝佳来源（图6-1-5、图6-1-6）。

图6-1-5，以参考图片的方法绘制人物素材（酒精麦克笔，2008.5）

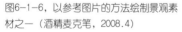

图6-1-6，以参考图片的方法绘制景观素材之一（酒精麦克笔，2008.4）

【技巧指要】

描摹图片时，可先用Photoshop等相关软件对图片进行处理，如去除杂乱的背景，锐化物体结构线等。图片输出后用拷贝纸进行描摹，再将描摹的线描稿复印在相关纸上，然后进行上色（图6-1-7、图6-1-8）。

图6-1-7，以参考图片的方法绘制景观素材之二（油性麦克笔，2010.3）

图6-1-8，以参考图片的方法绘制景观素材之三（酒精麦克笔、彩色铅笔，2010.3）

（3）写生

通过写生，可以有目的地收集到所需的各种配景。形象来源于自然和现实生活，更具生动性，给人以亲切感，是日后建筑画创作的首选配景。但也存在局限性，主要是写生的视点大致相同，难以收集如俯视、鸟瞰等特殊视角的资料，而且通过写生收集资料要花费较多的时间，信息量也相对较少（图6-1-9）。

图6-1-9，以写生的方法积累材植物素材（油性麦克笔、酒精麦克笔，2010.4）

【技巧指要】

写生植物等静态的物体时，要注意多角度多视点进行。写生动态的人物时，则要关注动作和姿态（图6-1-10）。

图6-1-10，以写生的方法积累人物素材
（酒精麦克笔，2010.4）

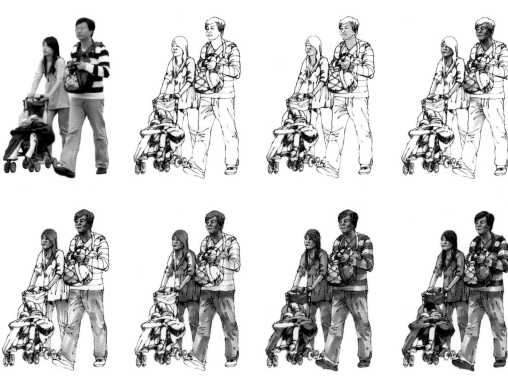

（4）拍照拷贝

数码照相机的普及，可更方便地收集到所需要的形象符号。针对某一物体，如汽车，可以从不同距离和视角进行拍摄，使照片间彼此的距离和角度变化甚微，以便在创作建筑画的过程中挑选最合适大小、角度的汽车形象。人物在建筑画中往往以较小的尺度出现，所以在拍摄（一般均为偷拍）时无需过于追求脸部表情，而主要是要抓住行走和坐立的姿态（图6-1-11）。植物因其生长特点，无正、背面之分，拍摄的要求也相对少些。

图6-1-11，以拷贝照片的方法积累素材之一
（酒精麦克笔，2010.4）

【技巧指要】

方法一：将拍摄的照片传输到电脑中，通过相关软件和方法，强化其轮廓线，然后打印输出，并进行拷贝。拷贝时要按一定的美学法则进行处理，完成的作品便成了自制的宝贵的资料。

方法二：如果拍摄的照片过多，拷贝处理的工作量会较大。在创作建筑画过程中，也可根据画面的需要，选择配景的距离和角度，即拍即做，这样在每幅建筑画中都有新的配景形象（图6-1-12、图6-1-13）。

图6-1-12，以拷贝照片的方法绘制素材之二（酒精麦克笔，2010.4）

图6-1-13，将现绘制的小轿车运用到画面中（水性麦克笔、酒精麦克笔，2003.12）

2．组合练习

组合练习是从模仿到创作想象的一个过程。通过借鉴多种元素并进行有机的组合以获得崭新的视觉形象，通过视觉形象传递主题，从而达到创作的目的。

组合练习往往是以某一建筑单体为主体（图6-2-1、图6-2-2），通过加入不同类型的配景（图6-2-3），完善场景，完整画面。其要求是符合透视原理，契合设计单体的特点，注意形式的丰富性、合理性（图6-2-4）。

该阶段的画面形成，存在多种可能性，同一小品单体能够搭配多种配景完整画面，得到效果迥异的多个结果。组合练习是具有一定难度的训练，要求作者熟悉各类配景，随意调配，同时，又具有良好的空间想象能力，可以依据透视关系完善画面，使其具备一定的合理性。

图6-2-2，木拱桥照片

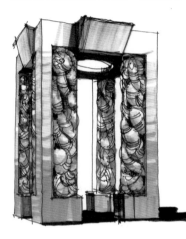

图6-2-1，建筑单体素材
（水性麦克笔，2006.6）

图6-2-3，不同的配景资料

图6-2-4，主体木拱桥与配景组合创作后的作品（油性麦克笔、酒精麦克笔、彩色铅笔，2010.4）

【技巧指要】

　　方法一：组合练习中，特定主体所传达的文化信息很大程度上限定了画面场景其他构成的语言。比如，设定的画面主体是带有中国传统文化元素的拱桥，配景就应当围绕传统文化进行选择、搭配（图6-2-5）。

图6-2-5-a，步骤一：以木拱桥为主体，根据构图等原则添加配景

图6-2-5-b，步骤二：完成后的景观钢笔线稿

图6-2-5-c，步骤三：从主体开始着色

图6-2-5-d，步骤四：上色时要保持物体的体积感

图6-2-5-e，步骤五：给远景的植物着色，要注意画面的整体色调，可以先铺暖色为底

图6-2-5-f，步骤六：逐渐给近处植物着色，近处的植物在色相上应不同于远处植物

图6-2-5-g，步骤七：逐步深入

图6-2-5-h，步骤八：深入过程中要注意画面的整体性

图6-2-5-i，步骤九：逐步刻画场景的细节，特别是主体

图6-2-5-i，步骤十：深入过程中注意控制画面的整体色调和局部的色彩变化

图6-2-5-k，步骤十一：全面审视并调整画面，用涂改液点取画面的高光，完成画面（油性麦克笔、酒精麦克笔、彩色铅笔，2010.4）

方法二：根据画面概念，选择合适的造型元素进行搭配组合，可有多种尝试，多样选择，但必须做到画面和谐，统一完整（图6-2-6、图6-2-7）。

图6-2-6，绘制景观设计表现图的步骤分解之一

图6-2-7，景观设计表现图完成稿之一（油性麦克笔、酒精麦克笔、彩色铅笔，2010.4）

方法三：可以从主体的设计主题、材料、风格、环境等多角度
思考，进行配置组合（图6-2-8、图6-2-9）。

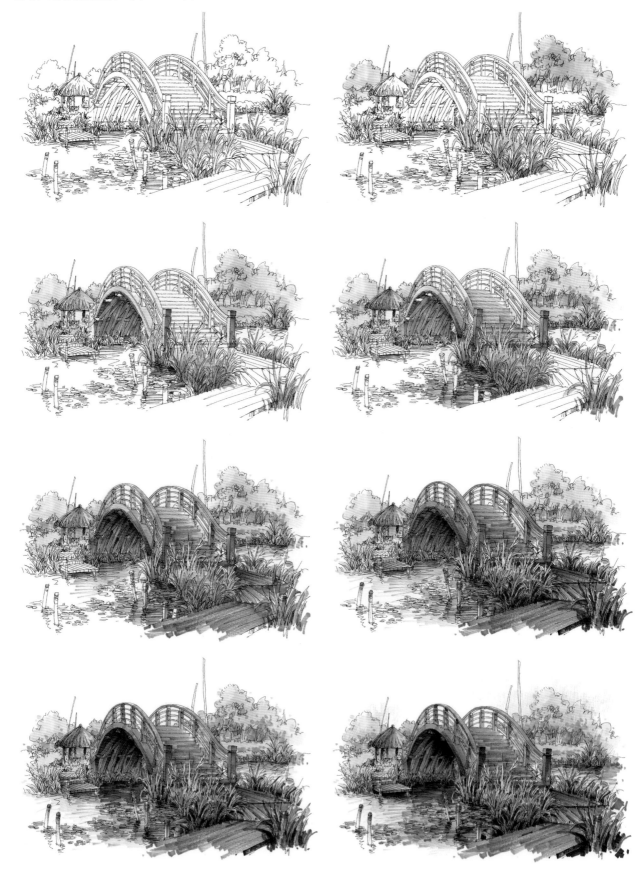

图6-2-8，绘制景观设计表现图的步骤分解之二

图6-2-9，景观设计表现图完成稿之二（油性麦克笔、酒精麦克笔、彩色铅笔，2010.4）

方法四：主体的位置与大小应结合透视原理，依循画面主次、虚实关系综合考虑，切忌孤立，注意物体与物体之间自然衔接（图6-2-10、图6-2-11）。

图6-2-10，绘制景观设计表现图的步骤分解之三

图6-2-11，景观设计表现图完成稿之三（油性麦克笔、酒精麦克笔、彩色铅笔，2010.4）

方法五：尽管是依靠遐想组合，画面中依然需要设置近景、中景和远景，有效拉开画面的空间关系（图6-2-12、图6-2-13）。

图6-2-12，绘制景观设计表现图的步骤分解之四

图6-2-13，景观设计表现图完成稿之四（油性麦克笔、酒精麦克笔、彩色铅笔，2010.4）

3. 借助现代科技产品

现代科技产品为创作提供了很多的可能性，同时提高了工作效率。无论是麦克笔建筑绘画作品还是麦克笔建筑设计表现图，如果充分利用并结合当今的科技产品，将有助于更加准确快速地完成建筑画的创作（图6-3-1～图6-3-3）。

图6-3-1，景观设计表现图之十三（酒精麦克笔，2009.11）

图6-3-2，景观设计表现图之十四（酒精麦克笔，2009.11）

(1) 借助电脑

电脑作为二十一世纪最普及、信息处理能力最强大的工具，已被人们所熟悉和运用。电脑也作为最准确的绘图工具之一，而被设计师们所熟知。手绘图很难与电脑渲染图的准确性和真实性相比，但电脑渲染图也很难与手绘图的艺术性相比，两者都有各自的优点，也都存在着局限。作为设计表现的一种手段，两者都各自占有一定的市场和位置。但是创作麦克笔建筑画的过程中，如果能取电脑之长，来弥补手绘创作中的某些弱势，将大大提高工作效率，也为创作提供了更大的可能性。

【技巧指要】

方法一： 绘制建筑设计表现图或者景观设计表现图时，可先在电脑中简单快速地搭建所要表现的建筑形体或某一场景。尽管电脑绘制的形体很简单，无须色彩和细节，但其比例、透视、角度可作为绘制透视图的准确依据（图6-3-3）。

当建筑及其场景的基本模块在电脑中被建立后，再通过打印机将其输出，简单的模块构筑了钢笔稿的基本框架。利用透明纸拷贝并深化电脑模型图，刻画出建筑的结构和细节，最后增添植物、人物、车辆等配景，烘托画面的氛围。

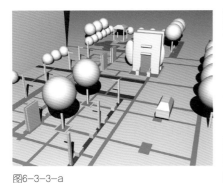

图6-3-3-a

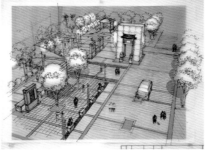

图6-3-3-b

图6-3-3-c

图6-3-3-d

图6-3-3，借助电脑绘制麦克笔表现图步骤（水性麦克笔，2004.10）
a图：步骤一，借助电脑，用三维软件创建所要表现内容的基本几何形体。如：用长方体表现建筑、汽车、形象墙、座凳等，用球体表现树冠，用圆柱体表现灯柱及树枝等。然后用"摄像机"捕捉最能体现输出场景特征的角度，最后将图打印输出；

b图：步骤二，用硫酸纸覆盖在输出的画面上，拷贝时，需细化物体。如将球体画成树冠，长方体画成汽车等；
c图：步骤三，将画在硫酸纸上的场景通过复印机转印到铅画纸或复印纸上；
d图：步骤四，上色完成

方法二： 创作麦克笔建筑绘画作品时，可通过电脑（采用Photoshop等相关软件）将所收集的素材进行组合、分析，并适当地进行处理，为创作提供多种参考的依据（图6-3-4、图6-3-5）。

图6-3-4-a

图6-3-4-b

图6-3-4-c

图6-3-4-d

图6-3-4，通过电脑，处理场景，辅助创作（水性麦克笔，2007.12）

a图：创作的主体场景；

b图、c图：根据主体场景所需内容，收集相应的素材；

d图：借助电脑，通过Photoshop软件，在主体场景中将所需的素材做简单的组合和处理，构成一张新的画面为创作提供参考依据；

e图：以电脑处理后的照片为依据，所创作的麦克笔建筑画作品场景真实感强、构图完整、刻画深入，具有一定的艺术性

图6-3-4-e

图6-3-5，通过电脑，辅助创作（水性麦克笔，2007.12）
a图、b图：根据创作所需收集相应的素材；
c图：创作所需的主场景；
d图：通过Photoshop软件，对场景做简单的组合；
e图：处理后的照片效果；
f图：根据处理后照片所绘制的麦克笔建筑画作品

图6-3-5-a

图6-3-5-b

图6-3-5-c

图6-3-5-d

图6-3-5-e

图6-3-5-f

方法三：电脑同时是修改麦克笔建筑设计表现图最简便的工具，只需将作品输入电脑，并在Photoshop等相关软件中进行修改、调整，将调整后的作品直接安排在设计表现图中（图6-3-6）。

图6-3-6-a

图6-3-6-b

图6-3-6-c

图6-3-6，景观设计表现图之十五（酒精麦克笔、水性麦克笔、彩色铅笔，2007.10）
a图：完成后的景观表现图，但画面中的两棵树表现得不够完美，存在不足之处；
b图：在钢笔复印稿上对存在不足的两棵树重新进行描绘，达到满意为止；
c图：利用电脑，通过Photoshop软件进行拼接，获得一张新的、完美的作品

（2）借助数码相机

现代建筑中，不论是民用建筑、商业建筑或是文化建筑等，总体来看都具有几何体块的特征明显、线条流畅、形象简洁明快的特点。只要留意观察身边的事物，就会发现众多生活用品的形状与建筑的基本形体极为相似。借助数码照相机，纸盒子、易拉罐、手机、铅笔等等，都可能成为创作建筑画的最好道具。数码照相机还是收集大量素材的主要工具（图6-3-7）。

【技巧指要】

方法一： 在绘制建筑设计表现图时，先观察研究所要表现建筑的基本几何形体，再寻找与建筑形态特征相似的生活用品作为"道具"。分析并描绘建筑立面的主要结构线，或将电脑中已经绘制的建筑立面图打印输出。然后将其贴在"道具"上，此时"道具"成了临时的"建筑"。通过数码照相机，从不同角度和距离进行拍摄，所拍摄的照片便成了绘制建筑形体最真实的依据。在轻松地把握建筑画的透视、比例的基础上，再辅以相关的配景，完成画面（图6-3-8）。

图6-3-7，几何特征明显的建筑（水性麦克笔，2003.2）

图6-3-8-a

图6-3-8-b

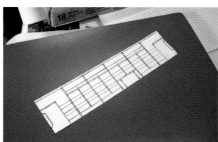

图6-3-8-c

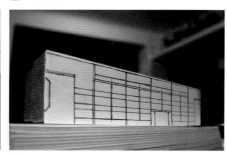

图6-3-8-d

图6-3-8-e

图6-3-8-f

图6-3-8，借助数码相机辅助创作（水性麦克笔，2004.4；修改时，采用油性麦克笔、色粉笔，2010.4）

a图：一只普通的钢笔盒子；

b图：将钢笔盒竖起，用数码相机可以从不同角度进行拍摄；

c图：以钢笔盒尺寸为依据，画出建筑立面的主要结构线；

d图：把立面图贴在钢笔盒上，根据观看建筑的视点，利用数码相机，选择合适的角度进行拍摄，并打印成图；

e图：直接在打印图上将平面化的建筑立面转变成立体的空间关系；

f图：通过拷贝深化，并添加相关的配景，形成完整的建筑钢笔线稿；

g图：完成后的麦克笔建筑表现图

图6-3-8-g

方法二： 在绘制景观设计表现图时，景观透视图侧重于建筑环境、景点的表现。建筑仅仅是陪衬，其形象在画面中往往以某一角或建筑的底部出现。创作时，首先要有一张准确的景观平面规划图。然后将所需的"道具"摆放在平面上，进行拍摄。拍摄成平视、俯视、鸟瞰等不同视角的照片，选择其一进行"拉伸"。再通过拷贝深化，添加环境中所需的各种配景，如绿化、廊亭、车辆、行人、坐椅、路灯等，既要渲染烘托景观环境的氛围，又要把握画面的整体感，不能使画面显得太零碎，而失去主次关系（图6-3-9）。

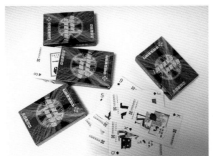

图6-3-9-a

图6-3-9-b

图6-3-9-c

图6-3-9-d

图6-3-9-e

图6-3-9-f

图6-3-9，借助数码相机，辅助创作景观表现图（水性麦克笔，2004.11）

a图：普通的扑克牌；

b图：将建筑立面打印成扑克牌盒子大小的尺寸；

c图：把建筑立面图进行裁剪，贴在扑克牌盒子上，并在建筑、景观规划图中将其有序地排列；

d图：以景观为主景，"建筑"为配（背）景，以说明"建筑"与景观之间相互的依存关系为目的，进行拍摄；

e图：将拍摄的照片输入电脑，打印成图。直接在打印的图上对景观进行"拉伸"，使景观立体化；

f图：拷贝、深入，形成完整的景观线描图；

g图：完成后的麦克笔景观表现图

图6-3-9-g

（3）借助复印机

复印机是现代最常见的一种办公设备，也是建筑画创作过程中最常用的一种辅助工具。它可将某一图像按不同比例，进行放大或缩小的复制。建筑设计表现图的氛围渲染离不开配景的添加，配备一本配景资料集，复印机便可以控制配景比例的大小。

在绘制麦克笔建筑设计表现图时，通过复印机，也可将钢笔底稿进行多次复印。然后在复印稿上上色，将原稿可作为资料存档，供以后参考或使用（图6-3-10、图6-3-11）。

【技巧指要】

方法一： 将钢笔底稿复印在各种有色卡纸上，以便在建筑画的创作过程中，制作某种特殊的画面效果，或更便捷地把握画面的整体色调。

方法二： 在绘制建筑设计表现图时，根据画面的需要，通过复印机缩放配景大小。然后再粘贴在画稿上进行拷贝、描绘，完成表现图的创作。

图6-3-10，借助复印机，复印多张线描稿

图6-3-11，完成后的麦克笔景观表现图（水性麦克笔、酒精麦克笔、彩色铅笔，2007.10）

4. 麦克笔建筑画的绘制程序

麦克笔建筑画的绘制应遵循一定的方法和步骤，以便更好地完成画面（图6-4-1）。其步骤主要包括五个阶段：草图绘制阶段、透视线稿阶段、初步着色阶段、深入塑造阶段、调整完成阶段。

图6-4-1-a，步骤一：借助电脑搭建景观场景

图6-4-1-b，步骤二：在电脑场景图的基础上深化场景内容，并完成线稿图

图6-4-1-c，步骤三：从植物开始着色，注意远近植物的色彩倾向

图6-4-1-d，步骤四：色彩逐渐铺开

图6-4-1-e，步骤五：添加湖面和近景花草的基本色

图6-4-1-f，步骤六：逐步深化，并绘制天空的底色

图6-4-1-g，步骤七：添加色彩，使物体的颜色逐渐丰富

图6-4-1-h，步骤八：逐步深化，增加近景物体的细节

图6-4-1-i，步骤九：逐步深入刻画，注意画面的主次关系

图6-4-1-j，步骤十：铺满画面的色彩，注意丰富物体的色彩

图6-4-1-k，步骤十一：审视并调整画面，直至完成（酒精麦克笔、彩色铅笔，2007.10）

（1）草图绘制阶段

从构思到透视草稿，是进入正稿之前的准备阶段，该阶段工作对后续工作的完成起着举足轻重的作用。创作前要通过认真研究，以草图的形式表现创作构思，通过草图推敲、比较、定稿，也为透视线稿的描绘打下基础，提供依据（图6-4-2）。

【技巧指要】

方法一：根据所要描绘的空间特征，选择最佳表现视角，确定透视表现类型并绘出大致的空间关系。

方法二：根据场景的表现内容来确定画面色调和表现手法。

（2）透视线稿阶段

在草图空间透视、表现元素基本确定的前提下，用比较严谨、规整的钢笔或铅笔线条来对空间中的主要构成面、转折面、主要物体及配景的形态、质感、比例、空间位置等进行描绘（图6-4-3）。

【技巧指要】

这个阶段要求用线果断、肯定，尽量做到准确、到位。一方面需要组织画面中的黑、白、灰的比例分配关系；另一方面需要分清主次关系，对重点对象、视觉中心加以较为全面的描绘，对次要对象采用概括性的画法，让画面在线稿阶段能呈现一定的层次感和准确性。

（3）初步着色阶段

在钢笔或铅笔线描稿将画面的基本关系（包括空间关系、比例关系、体积关系和质感明暗关系等）表达完成的基础上，开始对场景内的空间界面和配景进行初步的上色。画面色彩不宜铺满，要有一定的透气性，笔触排列整体有序（图6-4-4）。

【技巧指要】

该阶段需将物体的固有色、主要的明暗面进行大致的区分。在着色过程中始终要保持好画面的空间前后关系、整体明暗色块的分布和画面色调的统一。

（4）深入塑造阶段

在处理好整体场景色调，对画面中元素的明暗色彩大体关系调整到位之后，开始对画面中的重点对象进行深入的塑造，其过程主要包括主体对象的细节刻画、明暗色彩层次的进一步加强、材质的细致描绘、光影关系的强调等。画面中用于丰富和活跃空间气氛的装饰元素也应有选择性地进行塑造，以起到锦上添花之效（图6-4-5）。

【技巧指要】

该阶段需严格注意用笔用色的严谨性，适当地使用细腻的小笔触进行细节的添加，让画面主次关系更为分明，中心更为突出，精彩程度更为增强。

（5）调整完成阶段

在画面基本完成之后，最后还需要对画面的整体关系进行适当的调整，对于画面的整体空间感、色调、质感及主次关系再次进行梳理，从大效果入手修整画面。如果前面的某阶段对画面某些局部的塑造不甚理想，使画面的整体关系受到一定的影响甚至产生破坏，那么也可以借助于其他辅助绘图手段来对这些局部做出修改（图6-4-6）。

【技巧指要】

综合运用各类编辑修改工具弥补画面中的缺陷和不足之处，从而使画面的整体协调性得以增强，使作品更加完美。

图6-4-2，草图绘制阶段

图6-4-3，透视线稿阶段

图6-4-4，初步着色阶段

图6-4-5，深入塑造阶段

图6-4-6，调整完成阶段（水性麦克笔、彩色铅笔，2004.9）